苏　毅　荣玥芳　编

城乡规划专业优秀学生作业集

北京建筑大学

U0248415

中国建筑工业出版社

审图号：GS（2015）703号

图书在版编目（CIP）数据

北京建筑大学城乡规划专业优秀学生作业集 / 苏毅，
荣玥芳编.—北京：中国建筑工业出版社，2015.2
ISBN 978-7-112-17821-6

Ⅰ.①北…　Ⅱ.①苏…　②荣…　Ⅲ.①城乡规划-建筑
设计-作品集-中国-现代　Ⅳ.①TU984.2

中国版本图书馆CIP数据核字（2015）第039208号

责任编辑：刘　静
责任校对：李美娜　关　健

北京建筑大学城乡规划专业优秀学生作业集
苏　毅　荣玥芳　编
＊
中国建筑工业出版社出版、发行（北京西郊百万庄）
各地新华书店、建筑书店经销
北京嘉美和文化传播有限公司制版
北京方嘉彩色印刷有限责任公司印刷
＊
开本：880×1230毫米　1/16　印张：8½　字数：260千字
2015年4月第一版　　2015年4月第一次印刷
定价：71.00元
ISBN 978-7-112-17821-6
（27068）

序

　　北京建筑大学（原北京建筑工程学院）的前身是1936年的北平市立高级工业职业学校，其建筑学和城乡规划的专业教育更是继承了原校土木工程科的衣钵。经历了80年的蹉跎岁月，特别是改革开放的大好时光，学校的发展日新月异，更上层楼。2013年5月更名为北京建筑大学，铭刻了学校发展历史上的新的里程碑。

　　学校的建筑与城市规划学院设有建筑学博士后科研流动站，在建筑学和城乡规划专业的人才培养上，形成了本科、硕士和博士研究生教育的完整体系。城乡规划专业有着35年的办学历程：1980年在建筑学专业的本科生中开展城乡规划的专业教育，2001年首招城市规划专业5年制本科生，2011年和2013年相继通过全国高等院校城市规划专业指导委员会的本科教育评估和硕士研究生教育评估，2012年城乡规划学科成为北京市重点建设学科。这些成果的取得，充分表明了城乡规划专业是通过全体教师的齐心协力，步履坚定地发展壮大起来的。

　　城乡规划专业借助地处北京"首善之区"的区位优势、资源特色和行业需求，遵循城乡规划专业教育教学的发展规律，以培养"厚基础、宽口径、强能力、高素质、重实践"的应用型专业人才为目标，强调"品德、知识、能力、素质"四位一体的协调发展和综合提高。在城乡规划专业的教育上，以城乡规划学为主干，借助建筑学、风景园林、艺术设计、土木工程、环境工程等学科优势，全方位地输送城乡规划学科所涉及的学科与专业知识。同时，与中国城市规划设计研究院共同建设"北京市城市规划专业校外人才培养基地"，极大地提高了学生的专业实践能力。在这些有利条件的综合作用下，逐渐打造出城乡规划专业的培养特色和办学实力。2012年，在国家教育部组织的全国高校学科专业排名中名列第12位。

　　为实现科学研究与学术理论水平的稳步提高，城乡规划学科通过资源整合与拓展，形成了城市与区域规划、村镇规划与设计、城市历史遗产保护规划、城乡可持续基础设施规划等特色鲜明的研究方向，极大地推动了科学研究活动的开展和学术理论水平的提升。近年来，城乡规划学科的教师承接了许多具有重大意义的科研课题，以自身的优势开展课题研究和社会服务，在国内产生了良好的影响。

　　《北京建筑大学教师规划作品集》和《北京建筑大学城乡规划专业优秀学生作业集》较为完整地汇集了近年来北京建筑大学城乡规划专业教师和学生的专业成果，是对城乡规划专业的教学与科研建设工作的总结。通过这两本作品集的出版，希望能够更多地得到各界同仁的指导与批评，"百尺竿头更进一步"，不断激励城乡规划专业未来的教学与科研的发展。

北京建筑大学建筑与城市规划学院院长　　　　　　　教授

2015年3月

目　录

一、课程简介

（1）通过不同"综合模块"循序渐进的训练，使学生不仅能有意识地感知与理解设计的本质就是空间营造，而且还能将解读抽象理论与认知具体空间相结合，让学生从初级阶段就建立设计创新意识，掌握简单空间形态及其设计的基本原理与方法。

（2）将对学生基本设计表达能力的培养有效地综合到整个模块训练中，使之基本掌握不同的设计表达方式（图示和模型），并为未来的设计表达打下良好的基础。

二、课程基本要求

（1）要求学生基本掌握绘图工具的使用；结合训练，有效地了解工具的特性和功能。

（2）要求学生认真领会、解读教学内容和要求，阅读参考书，具有识图的能力。

（3）要求学生积极思考、参与讨论，经常进行参观体验，开阔视野、提高设计修养。

（4）要求学生逐步感知与理解设计中人与空间的密切关系，理解尺度在空间营造中的作用。

三、课程内容与方式

1. 单元一　空间语汇训练

（1）主线训练

载体：观器十品。

训练目的：了解和掌握具有中国传统文化属性的空间设计词汇；将抽象的语汇与具体的空间认知相结合（观察体验）；观察人与外界的基本关系与动作。

训练方式：解读范图（线条图与渲染透视图），先模型感知后图纸绘制，团队合作。

表达方式：黑白铅笔线条、彩色铅笔渲染、模型（研究模型与表达模型）、绘图纸、PPT演示

（2）辅线训练

载体：十字院宅、观器人物（活动与尺度）。

训练目的：与主线训练相配合，起认知与解读的作用，有意识地强化训练学生理解人与不同空间的关系，理解不同空间的构成关系。

训练方式：解读范图（线条图与渲染透视图）并绘制，另设置自由发挥的内容。

表达方式：黑白铅笔线条、彩色铅笔渲染、绘图纸。

2. 单元二　空间语汇训练

（1）主线训练

载体：居器六品。

训练目的：了解和掌握具有中国传统文化属性的空间设计词汇；将抽象的语汇与具体的空间认知相结合（观察体验）；观察人与外界的基本关系与动作。

训练方式：解读范图（线条图与渲染透视图）并绘制，团队合作。

表达方式：黑白铅笔线条、水墨渲染、模型（研究模型与表达模型）、绘图纸、水彩纸。

（2）辅线训练

载体：院落空间元素解读、园林空间元素解读。

训练目的：与主线训练相配合，起认知与解读的作用，有意识强化训练学生理解人与不同空间的关系，理解不同空间的构成关系。

训练方式：解读范图（线条图与渲染透视图）并绘制，另设置自由发挥的内容。

表达方式：墨线、彩色铅笔、拷贝纸。

3. 单元三　空间语汇训练

载体：西方经典建筑解读。

训练目的：了解和掌握西方的空间设计语言；将抽象的语汇与具体的空间认知相结合（观察体验）；感知人与空间的互动关系；感知建筑空间的构成与营造手法。

训练方式：解读范图（线条图与透视图），先模型感知后绘制，团队合作，设定自由创作的内容。

表达方式：线条（铅笔或墨线）表达、模型（研究模型与表达模型）、绘图纸。

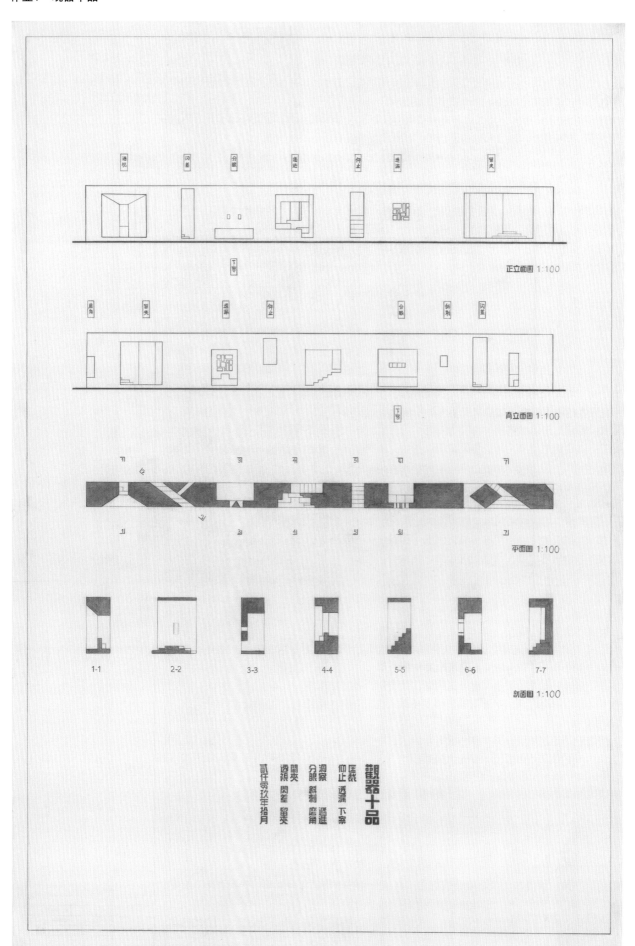

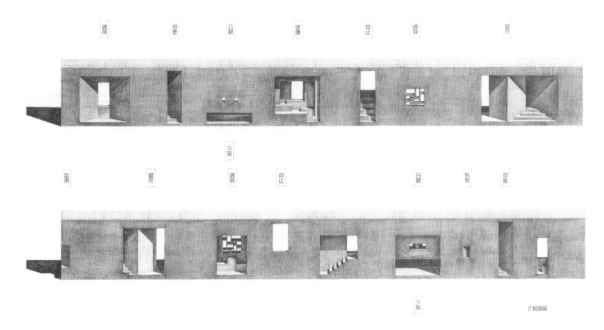

学生姓名：牛琼　指导教师：丁奇、许政

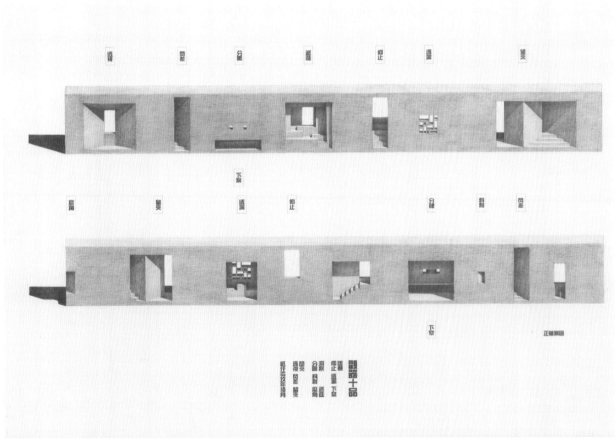

学生姓名：邱彦祯　指导教师：丁奇、范霄鹏等

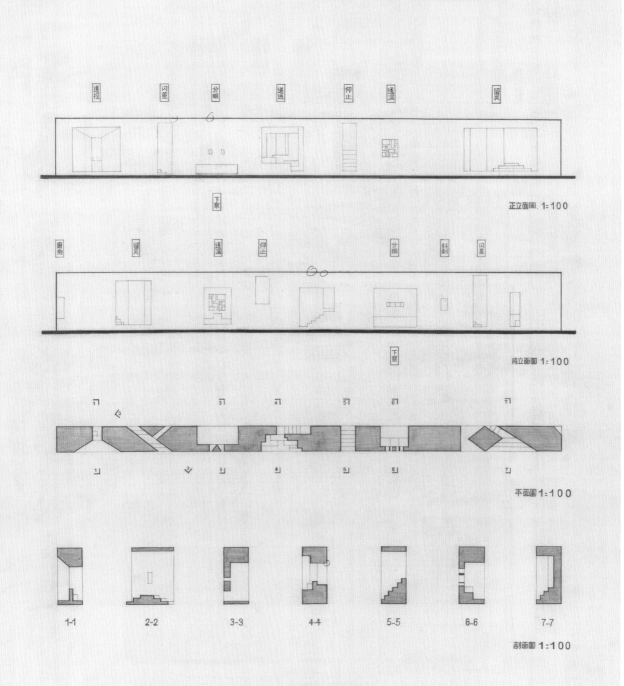

正立面圖 1:100

肖立面圖 1:100

平面圖 1:100

1-1　　2-2　　3-3　　4-4　　5-5　　6-6　　7-7

剖面圖 1:100

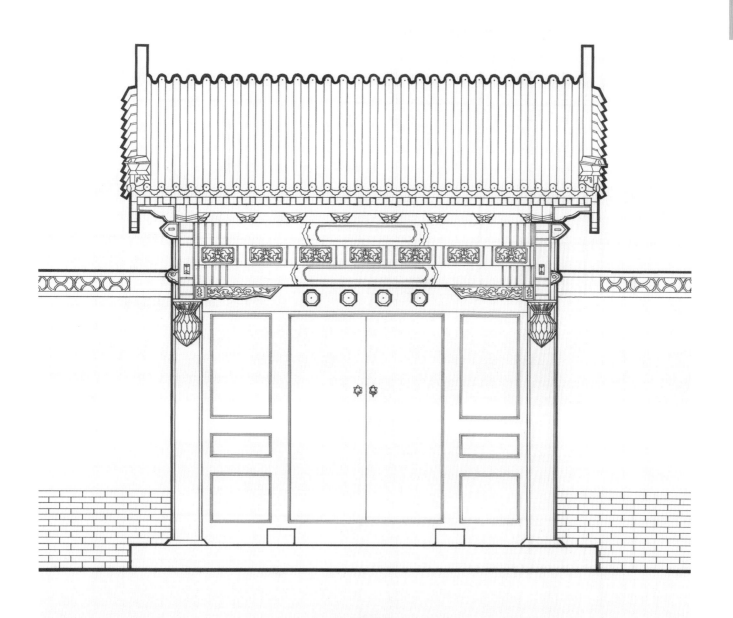

PHOTOS AND PERSPECTIVE

Le Corbusier: Weissenhofsiedlung #13
Stuttgart, 1926

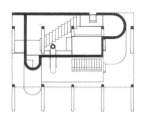

首层轴测 LAYERED AXONOMETRIC　1:100

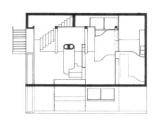

二层轴测 LAYERED AXONOMETRIC　1:100

三层轴测 LAYERED AXONOMETRIC　1:100

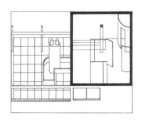

顶层轴测 LAYERED AXONOMETRIC　1:100

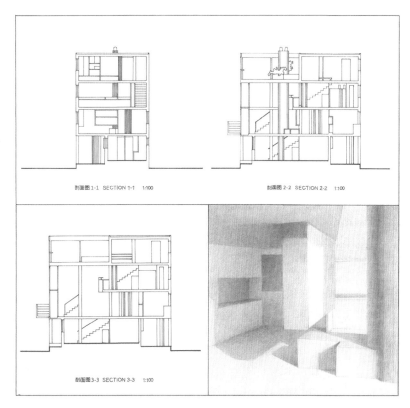

剖面图1-1 SECTION 1-1　1:100　　　　剖面图2-2 SECTION 2-2　1:100

剖面图3-3 SECTION 3-3　1:100

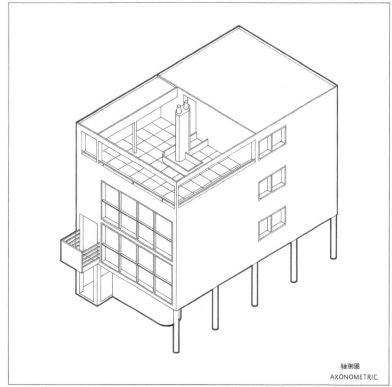

轴测图
AXONOMETRIC

经典建筑——勒·柯布西耶:维森霍夫13号住宅
Le Corbusier: Weissenhofsiedlung #13
Stuttgart, 1926

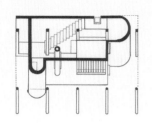

首层轴测 LAYERED AXONOMETRIC　1:100

二层轴测 LAYERED AXONOMETRIC　1:100

三层轴测 LAYERED AXONOMETRIC　1:100

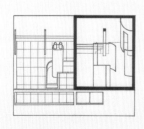

顶层轴测 LAYERED AXONOMETRIC　1:100

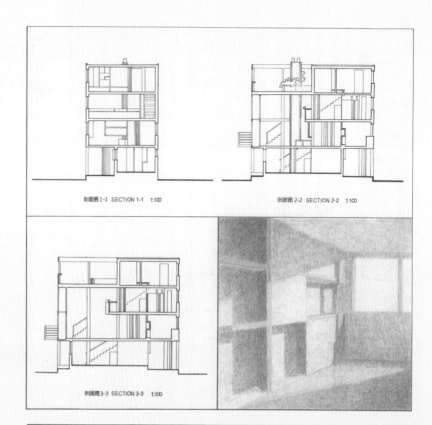

剖面图1-1 SECTION 1-1　1:100　　　剖面图2-2 SECTION 2-2　1:100

剖面图3-3 SECTION 3-3　1:100

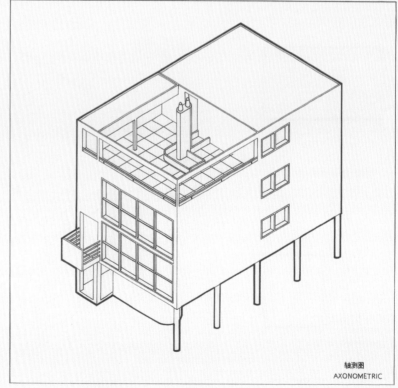

轴测图
AXONOMETRIC

● ● 经典建筑——勒·柯布西耶 维森霍夫13号住宅
Le Corbusier: Weissenhofsiedlung　13
Stuttgart, 1926

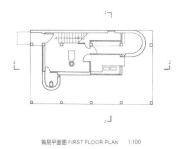

首层平面图 FIRST FLOOR PLAN　1:100

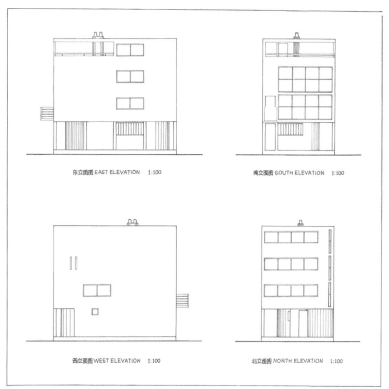

东立面图 EAST ELEVATION　1:100

南立面图 SOUTH ELEVATION　1:100

西立面图 WEST ELEVATION　1:100

北立面图 NORTH ELEVATION　1:100

二层平面图 SECOND FLOOR PLAN　1:100

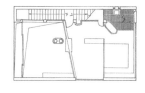

三层平面图 THIRD FLOOR PLAN　1:100

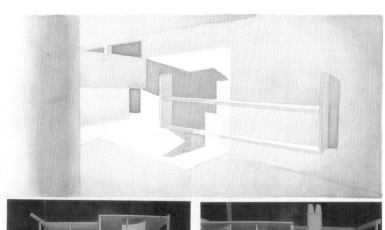

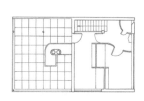

四层平面图 FOURTH FLOOR PLAN　1:100

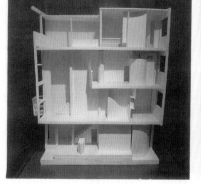

● 　经典建筑——勒·柯布西耶:维森霍夫13号住宅
Le Corbusier: Weissenhofsiedlung #13
Stuttgart, 1926

第二章
设计初步二

课程介绍

一、课程简介

（1）通过不同"综合模块"循序渐进的训练，使学生不仅能有效地感知与理解设计的本质就是空间营造，而且能进一步借助相应的训练条件进行有组织的空间设计，强调注重设计的关联性，注重空间的内外关系。

（2）将对学生设计表达能力的培养有效地综合到整个模块训练中，使之较好地掌握不同的设计表达方式（图示和模型），尤其强调对过程的记录与分析。

二、课程基本要求

（1）要求学生正确掌握绘图工具的使用；具有较好的识图能力。

（2）要求学生认真领会、解读教学内容和要求，阅读参考书。

（3）要求学生积极思考，参与讨论，经常进行参观体验，开阔视野，提高设计修养。

（4）要求学生能够基本表达设计构思的过程与相关分析。

（5）要求学生逐步理解设计中空间、人的尺度与人的行为活动的密切关系，并在设计中得以实践。

三、课程内容与方式

1. 单元一　结构凭借训练（句法训练）

（1）主线训练

载体：四界

训练目的：以具体的空间形式作为设计的结构性凭借，培养结构意识，培养对结构进行利用、破解、控制的能力。学习营造与"结构凭借"之间种种空间关系的可能性组合；体会与感知设计操作的逻辑性。培养设计的分析能力和表述能力。学习对"空间形式—行为—事件"的关联认识。学习并体会设计形式结构与建筑力学结构之间的关系，将抽象的语汇与具体的空间认知相 结合（观察体验）；感知人与空间的互动关系；感知建筑空间的构成与营造手法。

训练方式：解读任务书、阅读参考书、团队合作、设计讨论、模型拍照、设计过程讨论（草图，PPT演示）。

表达方式：墨线、水墨渲染、模型（研究模型与表达模型）、绘图纸（水彩纸）。

（2）辅线训练

载体：书法结构解析与再创造、园林空间结构解析。

训练目的：与主线训练相配合，起认知与解读的作用，有意识强化训练学生对构思过程的演绎与表达，注重感知人与不同空间的关系，理解不同空间的构成关系与空间生成变化的演进关系。

训练方式：解读范图（线条图与渲染透视图）并参照范图绘制，另设置自由发挥的内容。

表达方式：墨线、彩色铅笔、拷贝纸。

2. 单元二　空间营造训练（篇章训练）

（1）主线训练

载体：九宫格。

训练目的：了解和掌握九宫格图底形式所建立的基本要素，对形式图底有基本的设计利用、参照、转化、变异、推演的操作能力，体会其中的关联性与逻辑性，将抽象的语汇与具体的空间认知相结合（观察体验）；有意识综合运用一些空间营造的方法创造人与外界环境的空间关系。

训练方式：解读任务书、阅读参考书、团队合作、设计讨论、模型拍照、设计过程讨论（草图，PPT演示）。

表达方式：墨线、水墨渲染、模型（研究模型与表达模型）、绘图纸、水彩纸。

（2）辅线训练

载体：空间解析

训练目的：与主线训练相配合，起认知与解读的作用，有意识强化训练学生表达设计构思的过程，理解不同空间的构成关系，创造人的行为活动。

训练方式：解读任务书和范图，独立绘制所要求的训练内容，设计过程讨论（草图、PPT演示）。

表达方式：墨线、着色分析、拷贝纸或透明纸。

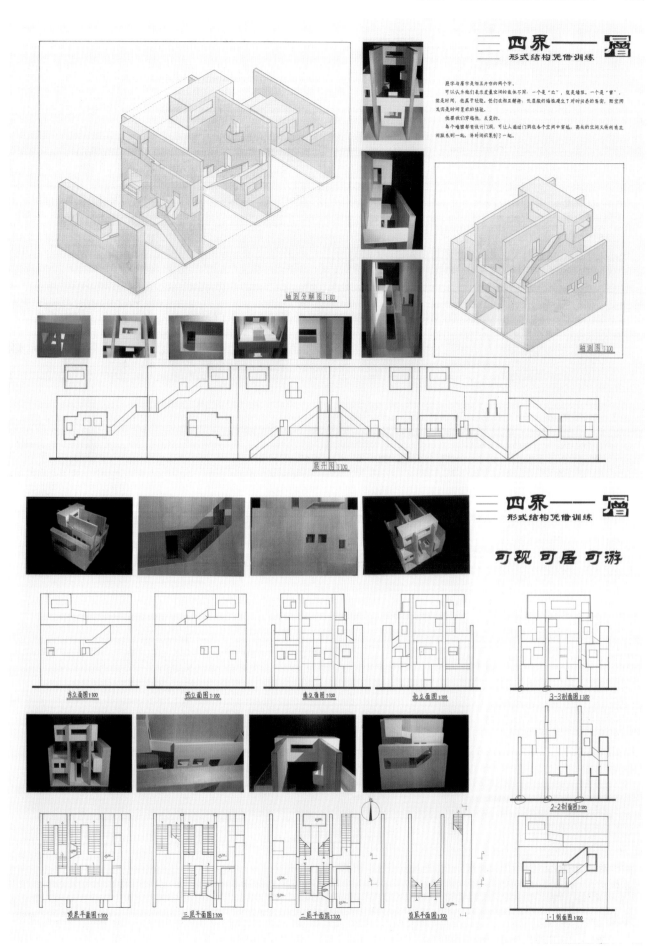

四界之迴

设计说明：此图形表示的既是"迴"字的形式又是进入的动作，成为一个结构凭借的同时，它又建立了一个行为的过程和方式，如峰回，如路转，具备一个明确的指向性，暗含了起点与终点，暗含了中心与边缘，暗含了时间……当然它在可能的条件下可以被破解或者被反向阅读或多项阅读。

设计思路：

1.确定选题—四界之迴　　2.确定墙高和一点二米厚墙位置　　3.确定设计（图为顶层平面）

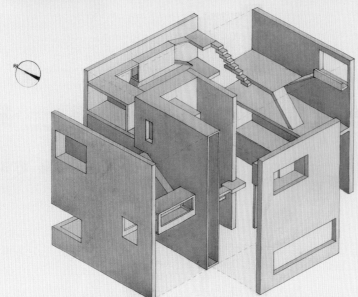

分解图 1:100

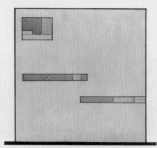

东立面图 1:100

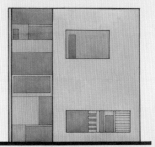

南立面图 1:100

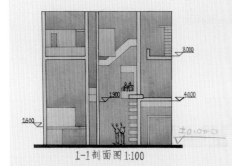

1-1剖面图1:100

2-2剖面图1:100

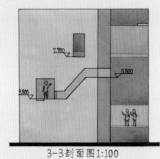

3-3剖面图1:100

四界之迴

设计说明：此图形表示的既是"迴"字的形式又是进入的动作，成为一个结构凭借的同时，它又建立了一个行为的过程和方式，如峰回，如路转，具备一个明确的指向性，暗含了起点与终点，暗含了中心与边缘，暗含了时间……当然它在可能的条件下可以被破解或者被反向阅读或多项阅读。

展开图 1:100

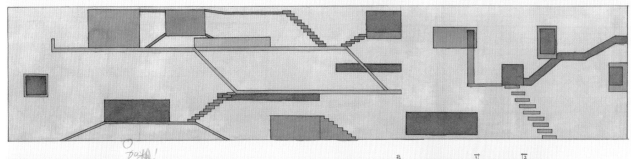

加油！

轴测图 1:100

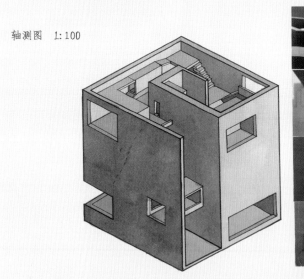

首层平面图(4.000) 1:100

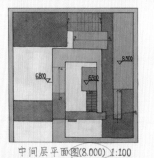

中间层平面图(8.000) 1:100

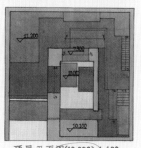

顶层平面图(12.000) 1:100

2

宣 情——九格·宅院

设计思路：

茶室	工作室	工作室
卧室	中庭	花房
卧室	门厅	禅房

功能 ▲

加墙 →

↓ 路线

↑ 屋顶

设计说明：

此作品是为一个有着深厚文化底蕴、丰富情感的学者设计的宅院。此宅院由一个中庭、一个西院和七个有各自独立功能的空间组成。在规定的九宫格墙垣基础上，又引入了新的墙垣，使九宫格墙垣若隐若现，既符合不破过多墙的要求，又能将九宫格墙垣的封闭刻板打破。此宅院中有门房空间、起居空间、禅房空间、花房空间、工作阅读空间和茶室空间。丰富的空间亦如主人丰富的情感，使人进入宅院犹如身临其境，深切体验各空间的功能，并且进入各个空间都能够宣泄自己内心的情绪、表达情感、放松心绪。故此设计取名"宣情"。

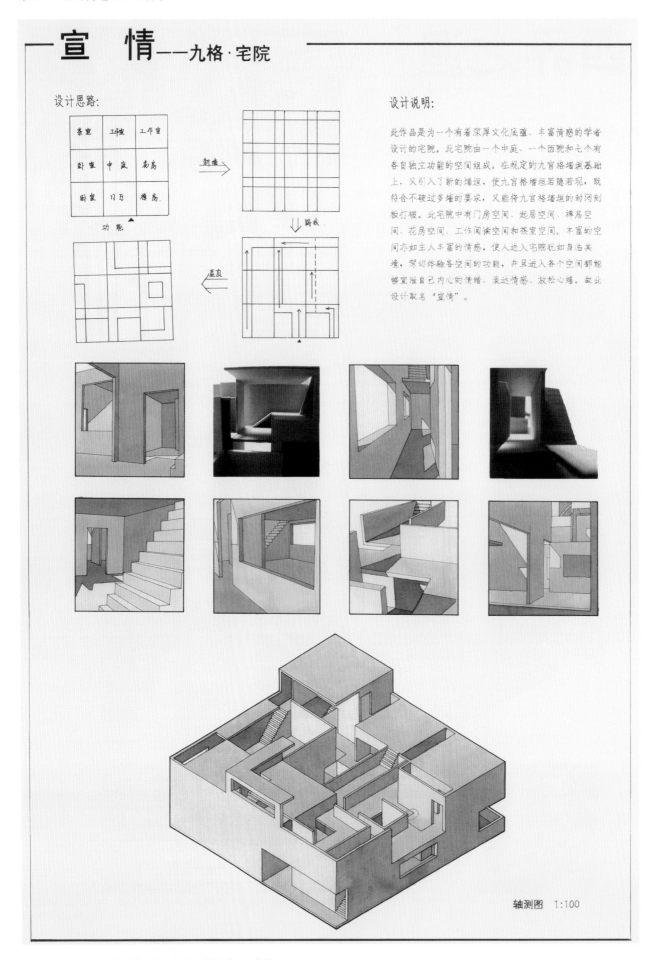

轴测图　1:100

一 宣　情——九格·宅院

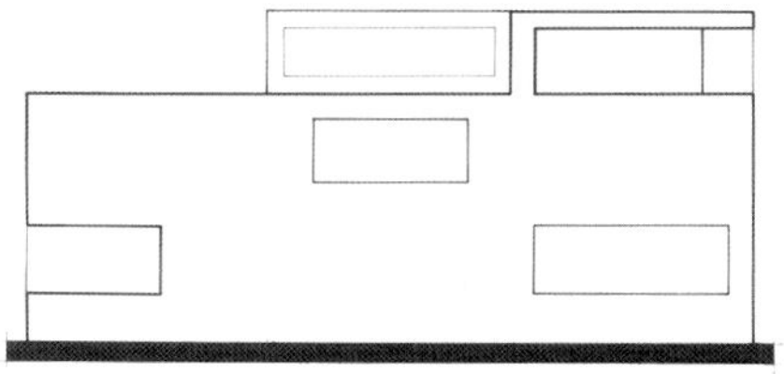

北立面　1:100

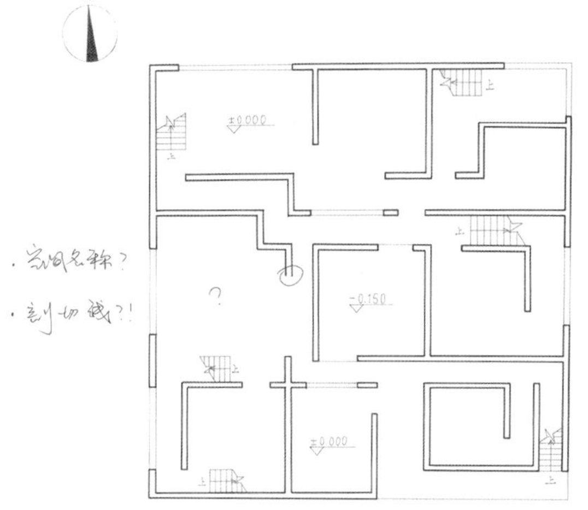

西立面　1:100

首层平面图（1.2m）1:100

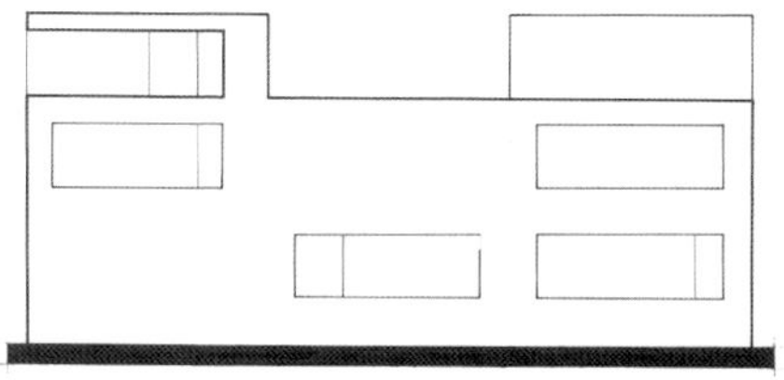

分解图　1:100

自堂而南，有楼翼然，窗明几净，笔札俱存，
宜登楼做赋，
四廊之外，绿上平街，兴至分题，想来天外，
宜绕竹吟诗，
小山层迭，从桂生香，苟无绿绮，
何以宣情，宜坐树弹琴，
花气当轩，侵衣沾袂，引人着胜，
此处难忘，宜赏花饮酒，
东墙生白，树影频移，徒依雕栏，
正堪延伫，宜凭栏待月，
西北极望，云海苍茫，
奇峰妙蔓，变无常态，
宜倚栏看云。

天气骤变，六花飞佈，起视琼林，都成琼玉，
宜围炉赏雪，
阳鸟脾焰，溽暑郁蒸，杰阁乍开，清风徐来，
宜拂簟迎凉，
杜门无事，不异空山，已却生气，频除妄想，
宜爇香读易，
琉璃忽过，草木皆新，偶有会心，初不在远，
宜赋主送辉，
久绝鸟衣，宜开窗引藏，山泉清澈，
良宵胜事，宜循塘放灯，烛光荧荧，宜晓床说剑，
泰睡初醒，宜晓窗听鸟，万籁无声，宜静夜闻钟

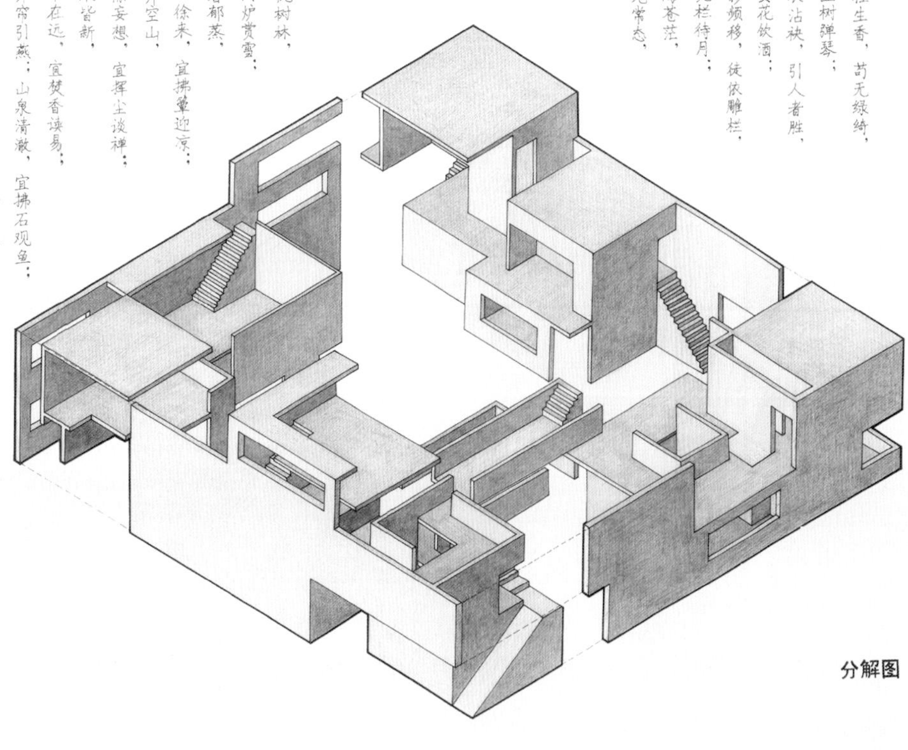

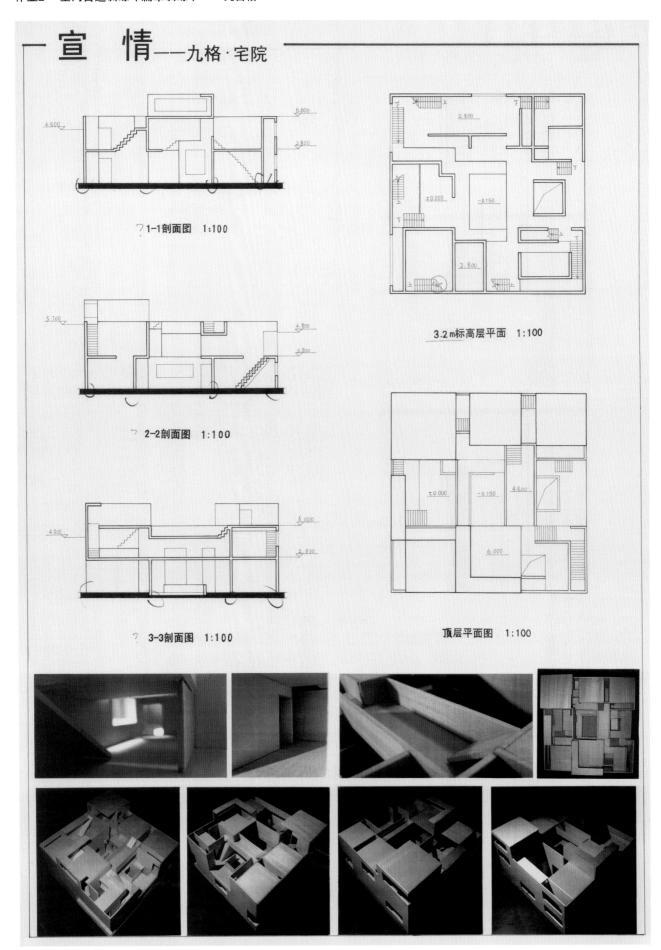

宣　情——九格·宅院

1-1剖面图　1:100

2-2剖面图　1:100

3-3剖面图　1:100

3.2m标高层平面　1:100

顶层平面图　1:100

一、课程简介

初步掌握建筑设计的基本要求、设计方法、构思途径及形态创作，有能力在小型建筑方案设计中通过平面布置、空间组织、构造设计等满足建筑功能的要求；掌握建筑美学的基本原则和构图规则，掌握空间组织、体形塑造等表现建筑艺术的基本规律；了解建筑与环境整体协调的设计原则；能对影响建筑方案的各种因素进行分析，对设计方案进行比较、调整和取舍。

二、课程基本要求

能够独立完成给定课题的小型建筑方案设计练习。掌握根据设计过程不同阶段的要求，选用恰当的表达方式和手段，形象地表达设计意图和设计成果，以及用简单的书面和口头方式较清晰且恰当地表达设计意图的方法。了解建筑空间环境的基本理论，掌握建筑设计手工表达方式，如徒手草图、工作模型实验等。

三、课程内容与方式

1.单元一 "一杆"空间概念规划

（1）掌握线条作为室内外空间基本建构的手段；

（2）掌握不同密度的线条组合对于空间私密性的不同影响；

（3）掌握人们行为方式所导致的对空间的不同要求，如行走空间、停留空间对空间围护结构密度的不同要求；

（4）在给定的4m×15m×15m空间内，构建一套可供人行走、休憩、停留的空间序列；

（5）设计能力和表达能力训练：根据所构思的地块空间分布与联结关系，观察不同空间建设尺度、密度、强度和高度所形成的空间形态，掌握不同空间形态构成的基本方法；

（6）根据设计需要，掌握用PVC塑料和木条制作草模和精细模型的能力，掌握相关的计算机制图和草图绘图能力。

2.单元二 "二面"空间概念设计

（1）掌握面作为室内外空间基本建构的手段，了解色彩作为一种空间表情，有能力根据主题进行空间创作与表达；

（2）能力培养序列：认知创作主题→构思空间序列→建立面空间围护单元→构建色彩系统→完善具有色彩的面空间序列；

（3）认知基于人群社会化交往的城市空间属性（公共、半公共和半私密）；

（4）主题构思能力和色彩能力训练：在给定基地空间范围（4m×30m×30m）中，构思出具有一定内涵与特色的空间主题，并依托主题进行平面配置、动静区分和色彩搭配，掌握空间组织、色彩组织等城市空间设计的基本方法；

（5）空间构成能力和色彩构成能力训练：根据所构思的主题思想与色彩搭配模式，掌握多种空间构成要素和色彩界面形态要素的运用方法，建立城市空间要素与空间个性之间的连贯表达；

（6）根据设计需要，掌握用PVC塑料和多种材料制作草模和精细模型的能力，掌握模型上色技巧，掌握相关的计算机制图和草图绘图能力。

壹杆 —— 错势

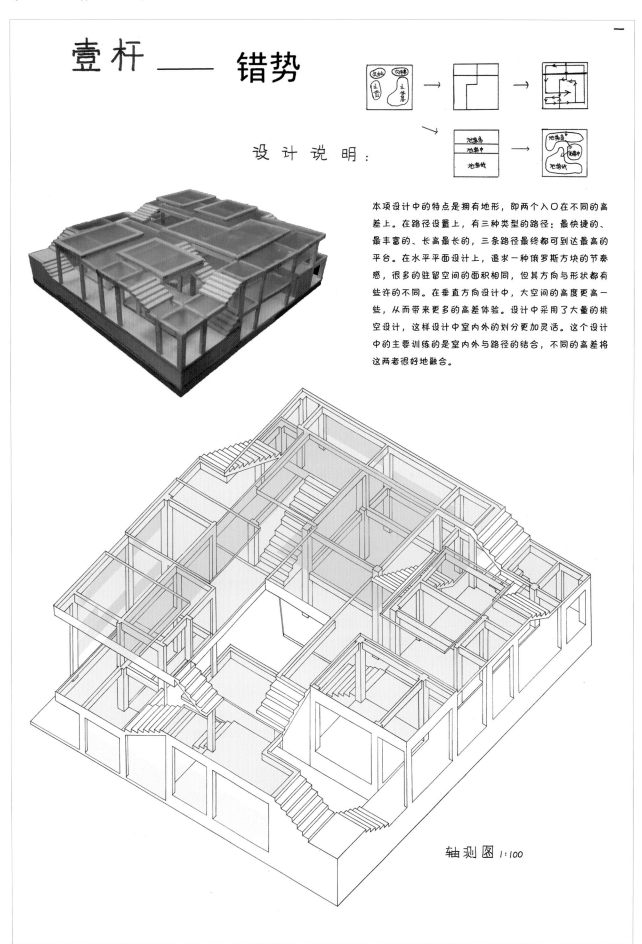

设 计 说 明：

本项设计中的特点是拥有地形，即两个入口在不同的高差上。在路径设置上，有三种类型的路径：最快捷的、最丰富的、长高最长的，三条路径最终都可到达最高的平台。在水平平面设计上，追求一种俄罗斯方块的节奏感，很多的驻留空间的面积相同，但其方向与形状都有些许的不同。在垂直方向设计中，大空间的高度更高一些，从而带来更多的高差体验。设计中采用了大量的挑空设计，这样设计中室内外的划分更加灵活。这个设计中的主要训练的是室内外与路径的结合，不同的高差将这两者很好地融合。

轴测图 1:100

二

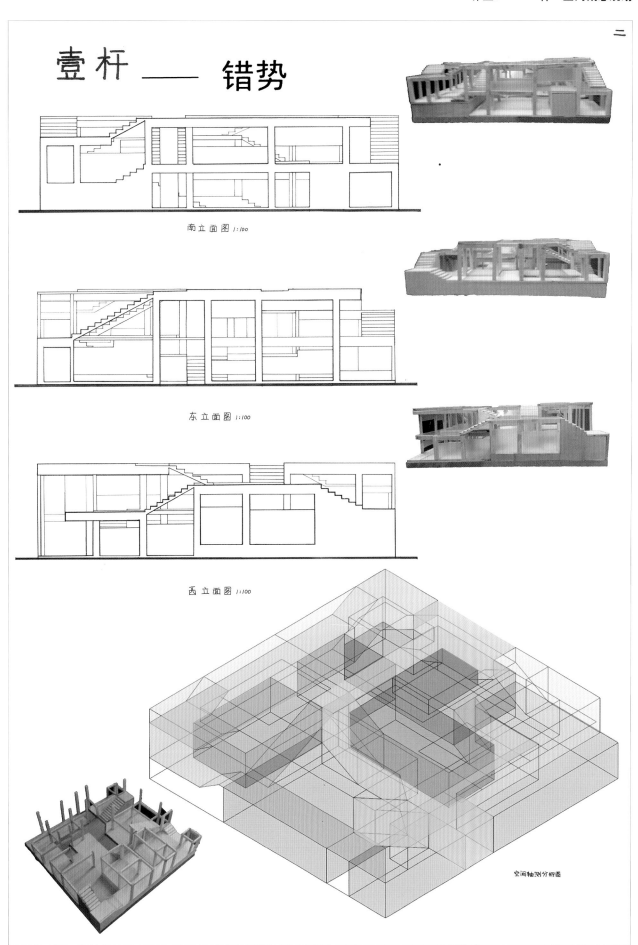

壹杆 —— 错势

南立面图 1:100

东立面图 1:100

西立面图 1:100

空间轴测分析图

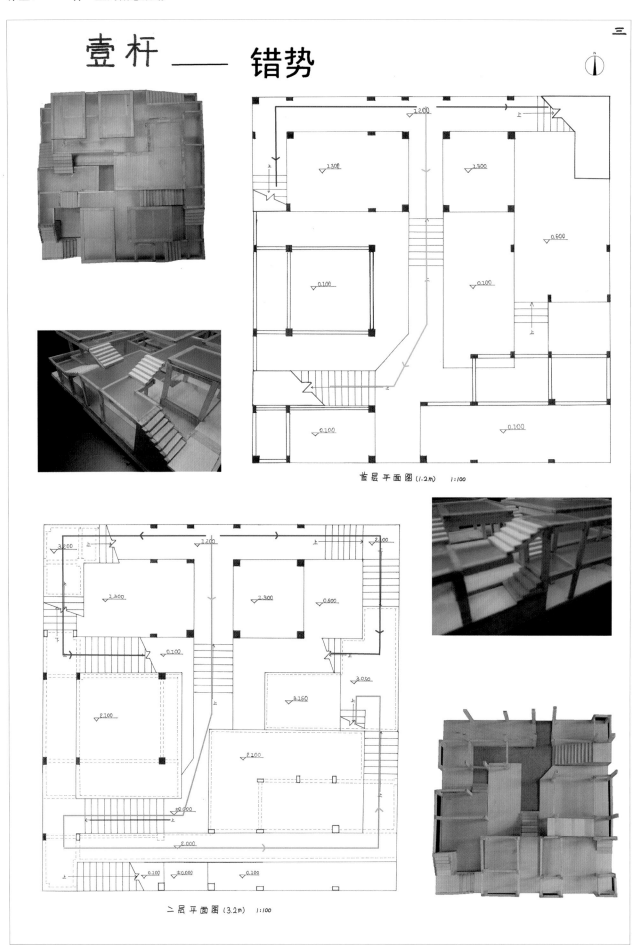

壹杆 —— 错势

首层平面图(1.2m)   1:100

二层平面图(3.2m)   1:100

四

壹 杆 —— 错势

1-1剖面图 1:100

2-2剖面图 1:100

顶层平面图 1:100

伶苑

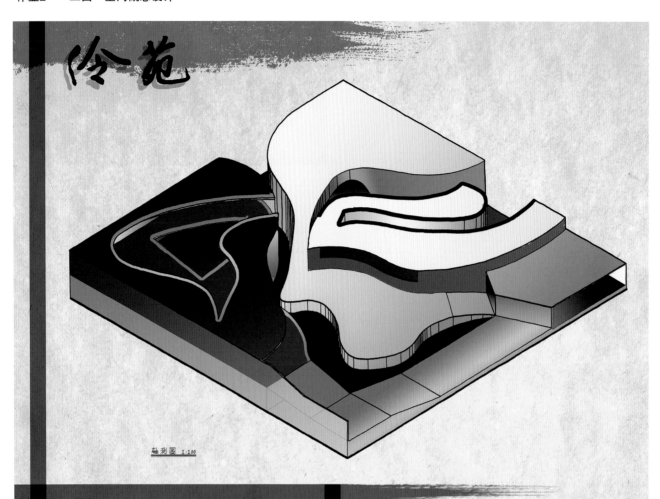

轴测图 1:100

设计说明：

　　本设计以京剧名段"霸王别姬"为主题，为戏迷票友们设计了一个可观赏、可交流、可演出的戏园子，故取名"伶苑"。

　　在外形上主要分为两部分，即霸王与虞姬。左半部分为霸王，借鉴了霸王的脸谱元素，以眼睛部分为主，构筑了红色、金色、黑色为主的净角舞台；右半部分为虞姬，采用女性侧脸轮廓，构筑了以黄色、金色、白色为主的旦角舞台；左下部分为金色，是抽象和概括的生角与丑角的舞台，在本设计中作为旦角舞台的看台；并且，以脸谱中各部分相互独立的特性，在各部分中间开辟了一条褐色的主道路，寓意乌江。

　　本设计的一大亮处在于将原本分隔开的两大部分--霸王与虞姬，从西南方向看，合成了霸王的一张较为完整的脸谱。

	明暗	色彩	形态	质感	纹理/花纹
净角	暗	黑、红、金边	霸王脸谱中眼睛的变形	光滑	金边
旦角	明	淡黄→深黄 暗白→冷白、黑边	女性的侧脸	光滑	黑边
生角/丑角	明	金色、熟褐	带状	粗糙	细横条纹

设计思路：

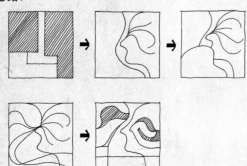

设计背景：

主要情节

　　霸王置酒与虞姬共饮，泣下数行，作歌以寄慨。虞姬亦歌而和之。虞姬明知百万敌军，断非一弱女子所能出险，逛得项羽佩剑，立拼一死以断情丝。项羽幸无后顾之忧，逃至乌江口，亭长驾船相迎，项羽不肯渡江。盖自起义有八千子弟相从，至此无一生还，实无面目见江东父老。遂自刎焉，仍得与虞姬在地下结合之缘也。

主要配色

　　《霸王别姬》中红与黑的搭配表现了霸王与虞姬分别时内心柔情一面的深情流露，是他血性男儿不为人知的一面。虞姬有双重身份，她即是霸王的谋臣，又是爱妃，"面羽则喜，背羽则悲"。色彩上淡黄到深黄的退晕效果充分展示了女性角色在舞台上的魅力。

主要形态

　　右半部分的虞姬，采用女性侧脸轮廓，构筑了以黄色、金色、白色为主的旦角舞台；霸王借鉴了霸王的脸谱元素，以眼睛部分为主，构筑了红色、金色、黑色为主的净角舞台。并且，以脸谱中各部分相互独立的特性，在各部分中间开辟了一条褐色的主道路，寓意乌江。

脸谱分析

　　楚霸王的京剧脸谱被称为"无双脸"，为楚霸王专用。相传楚霸王是个美男子，但因他杀人无数、性情凶暴，画成花脸；又因他是个悲剧人物，双眼处画两大块向下斜掉的黑影，明显的是副哭丧脸。项羽是血性男儿，尤其是霸王别姬，红色体现了他柔情的一面。

双面·地点成场

　学生姓名：范文铮、谢展　指导教师：范霄鹏、丁奇等

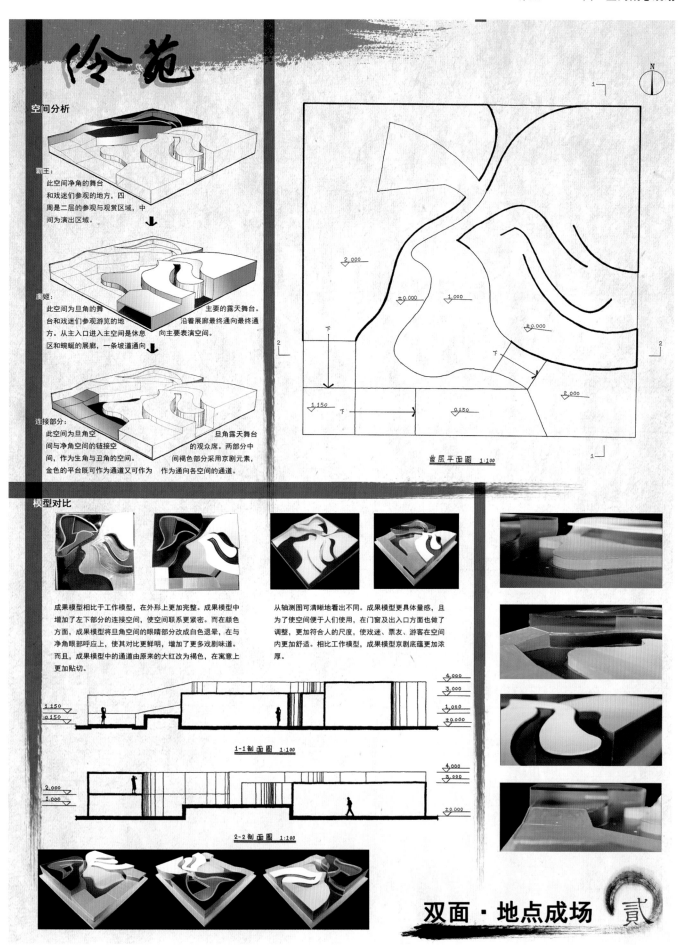

伶苑

空间分析

霸王：
此空间净角的舞台和戏迷们参观的地方，四周是二层的参与与观赏区域，中间为演出区域。

虞姬：
此空间为旦角的舞台和戏迷们参观游览的地方。从主入口进入主空间是休息区和蜿蜒的展廊，一条坡道通向

主要的露天舞台。沿着展廊最终通向向主要表演空间。

连接部分：
此空间为旦角空间与净角空间的链接空间，作为生角与丑角的空间。金色的平台既可作为通道又可作为

旦角露天舞台的观众席。两部分中间褐色部分采用京剧元素，作为通向各空间的通道。

首层平面图 1:100

2.000
±0.000
1.000
±0.000
1.150
0.150
2.000

模型对比

成果模型相比于工作模型，在外形上更加完整。成果模型中增加了左下部分的连接空间，使空间联系更紧密。而在颜色方面，成果模型将旦角空间的眼睛部分改成白色退晕，在与净角眼部呼应上，使其对比更鲜明，增加了更多戏剧味道。而且，成果模型中的通道由原来的大红改为褐色，在寓意上更加贴切。

从轴测图可清晰地看出不同。成果模型更具体量感，且为了使空间便于人们使用，在门窗及出入口方面也做了调整，更加符合人的尺度，使戏迷、票友、游客在空间内更加舒适。相比工作模型，成果模型京剧底蕴更加浓厚。

1.150
0.150

4.000
3.000
1.000
±0.000

1-1剖面图 1:100

2.000
1.000

4.000
3.000
±0.000

2-2剖面图 1:100

双面·地点成场 貳

伶苑

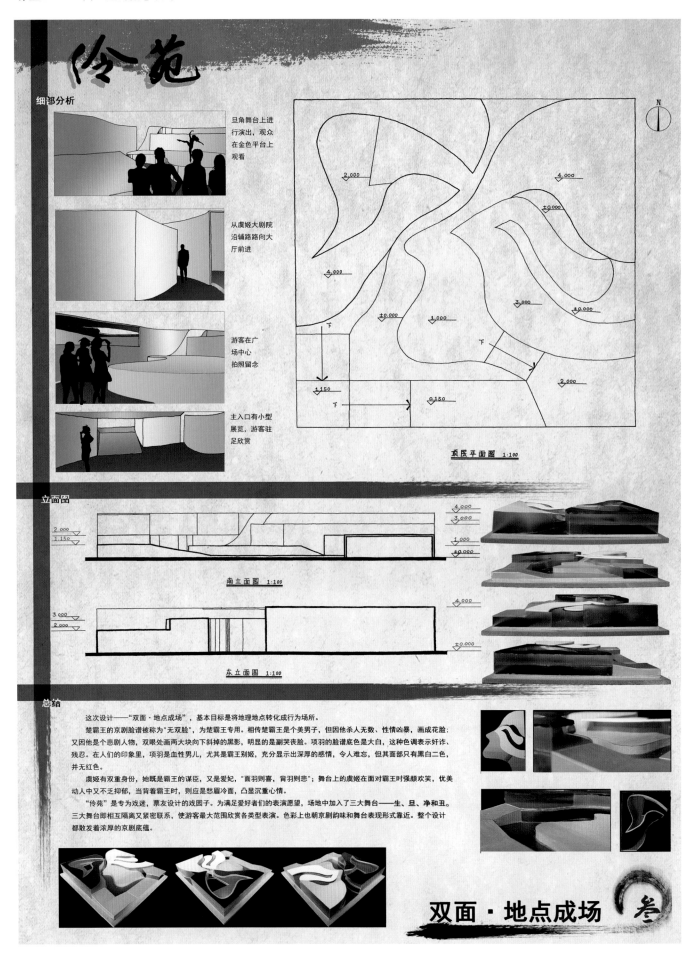

细部分析

旦角舞台上进行演出，观众在金色平台上观看

从虞姬大剧院沿辅路路向大厅前进

游客在广场中心拍照留念

主入口有小型展览，游客驻足欣赏

顶层平面图 1:100

立面图

南立面图 1:100

东立面图 1:100

总结

这次设计——"双面·地点成场"，基本目标是将地理地点转化成行为场所。

楚霸王的京剧脸谱被称为"无双脸"，为楚霸王专用。相传楚霸王是个美男子，但因他杀人无数、性情凶暴，画成花脸；又因他是个悲剧人物，双眼处画两大块向下斜掉的黑影，明显的是副哭丧脸。项羽的脸谱底色是大白，这种色调表示奸诈、残忍。在人们的印象里，项羽是血性男儿，尤其是霸王别姬，充分显示出深厚的感情，令人难忘，但其面部只有黑白二色，并无红色。

虞姬有双重身份，她既是霸王的谋臣，又是爱妃，"面羽则喜，背羽则悲"；舞台上的虞姬在面对霸王时强颜欢笑，优美动人中又不乏抑郁，当背着霸王时，则应是愁眉冷面，凸显沉重心情。

"伶苑"是专为戏迷、票友设计的戏园子。为满足爱好者们的表演愿望，场地中加入了三大舞台——生、旦、净和丑。三大舞台即相互隔离又紧密联系，使游客最大范围欣赏各类型表演。色彩上也朝京剧韵味和舞台表现形式靠近。整个设计都散发着浓厚的京剧底蕴。

双面·地点成场 叁

一、课程简介

基本掌握建筑设计的基本要求、设计方法、构思途径及建筑形象的创作，有能力在小型公共建筑方案设计中通过平面布置、空间组织、构造设计等满足建筑功能的要求；掌握空间组织、体形塑造、结构与构造等表现建筑艺术的基本规律；掌握建筑与环境整体协调的设计原则；能对影响建筑方案的各种因素进行分析，对设计方案进行比较、调整和取舍；了解具有中国传统文化属性的建筑空间语言的组织；学习传统城市背景下建筑策划设计的内容。

二、课程基本要求

独立完成给定题目的小型办公（会展）、教育建筑方案设计练习。掌握建筑空间环境的基本理论；掌握建筑设计手工表达方式，如徒手草图、工作模型实验等，掌握根据设计过程不同阶段的要求，选用恰当的表达方式和手段，形象地表达设计意图和设计成果，以及用简单的书面和口头方式较清晰而恰当地表达设计意图的方法。

三、课程内容与方式

1. 单元一 "步记"体验外部空间
（1）体验室外空间的构成：界面、基线、围合、对接、高低、材质等；
（2）能力培养序列：建立人体基本尺度→步测、摄影、记录外部空间→绘制空间图纸→建立外部空间模型；
（3）掌握通过人体基本尺度测度外部空间的基本能力，建立空间体验与图纸和模型之间的对应表达；
（4）获得外部空间的测绘图纸和模型。

2. 单元二 "四度"空间概念规划
（1）掌握外部空间基本建构的四个概念：尺度、密度、强度、高度；
（2）能力培养序列：掌握外部空间的基本概念→构思地块内"四度"空间规划方案→建立"拟城市空间"的模型抽象表达；
（3）认知能力与计算能力训练：掌握人们行为方式的基本空间尺度概念（通行、驻留），掌握地块建设密度和承载建筑容积强度的外部空间基本概念；
（4）构思能力和结构能力训练：在选定的密度、强度规模级中，构思出地块空间分布规划，并依托构思进行建设密度、建设强度和建设高度的划分，通过地块建设区划之间的联结掌握空间的基本尺度；
（5）设计能力和表达能力训练：根据所构思地块的空间分布与联结关系，观察不同空间建设尺度、密度、强度和高度所形成的空间形态，掌握不同空间形态构成的基本方法；
（6）获得"拟城市空间"。

3. 单元三 "三性"空间概念设计
（1）掌握城市空间设计序列的三层基本性质：属性、个性、连贯性；
（2）能力培养序列：认知城市空间的属性→构思城市空间的个性→建立城市空间的连贯性表达；
（3）认知能力与分析能力训练：认知基于人群社会化交往的城市空间属性（公共、半公共和半私密），掌握城市空间属性与空间规模之间的对应关系；
（4）构思能力和结构能力训练：在给定城市空间的基地规模中，构思出不同属性的城市空间集合，并依托构思进行平面配置、等级划分和动静区分，掌握空间组织、交通组织等城市空间设计的基本方法；
（5）设计能力和表达能力训练：根据所构思的城市空间集合与联结关系，掌握多种空间构成要素和空间界面形态要素的运用方法，建立城市空间要素与空间个性之间的连贯表达；
（6）获得不同属性城市空间的集合体。

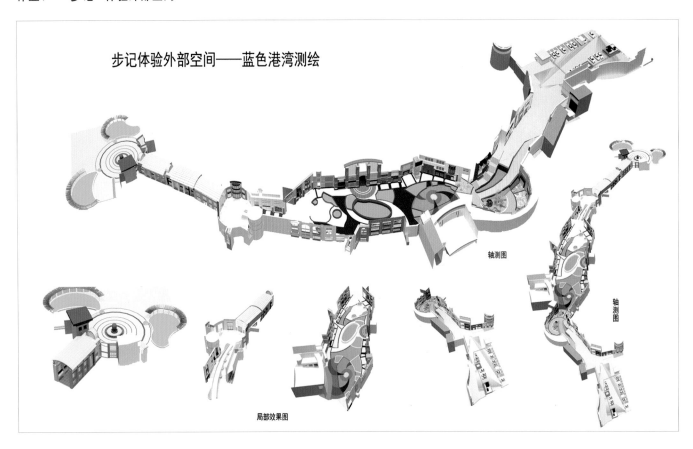

步记体验外部空间——蓝色港湾测绘

轴测图

轴测图

局部效果图

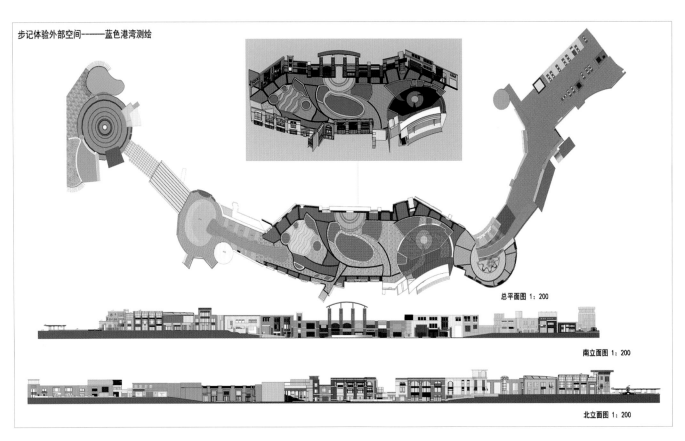

步记体验外部空间-----蓝色港湾测绘

总平面图 1：200

南立面图 1：200

北立面图 1：200

　学生姓名：张秋扬、谷韵、李浩等　指导教师：范霄鹏、苏毅等

认识城市

认识尺度

尺度，所研究的是建筑物整体或局部构建与人或人熟悉的物体之间的比例关系，及这种关系给人的感受。

认识高度

高度，首先是个物理的概念，作为物理空间概念的"高度"含义比较简单，是指从底面或基准面向上到某处的距离；从物体的底部到顶部的距离。

认识密度及强度

建筑密度，是指建筑物的覆盖率，它可以反映出一定用地范围内的空地率和建筑密集程度。容积率是指一个地区的总建筑面积与用地面积的比率。

认识速度

速度，建筑中的速度，产生于道路的宽窄。宽的地方，通行速度慢，形成驻足空间；窄的地方，通行速度快，形成行走空间。

路径构思及形成

主路径灵感来自蛇形　　　主路径定稿　　　主路径分支65%区

最终路径　　　主路径分支25%区　　　主路径分支35%区

密度分区及变化

65%　　　35%　　　25%

设计说明

从设计中认识尺度、密度、强度、高度、速度。首先掌握外部空间的基本概念，构思地块内"四度"空间规划方案，建立"拟城市空间"的模型抽象表达。

确定直线型曲折路径，划分区域为25%、35%、65%。保证路径两边密度一致，65%区域为拟胡同区，规划主路径两侧建筑高于支路建筑高度。35%区域为老居住区，25%为商业区。这两个区域主路径拐角处形成场（空间节点），要强调此空间的丰富度，因此加建筑的丰富度。考虑到人们行为方式的基本空间尺度（通行、驻留），运算地块建设密度和承载建筑容积强度的外部空间数据。建立地块空间分布与联接关系，观察不同空间建设尺度、密度、强度和高度所形成的空间形态。

区域分析表

指标名称	单位	合计（保留两位小数）	按密度级分类		
			65%	35%	25%
实际密度	百分之		62.3%	32.0%	25.0%
总面积	平方米	15625	4895	5930	4800
建筑面积	平方米	27450	3050	1900	1200
平均层数	层	4.46	1.30	5.32	11.17
容积率		1.76	0.81	1.70	2.79

用地分析表

	总建筑面积（平方米）	建筑占地面积（平方米）	占地块总面积比率（%）
65%密度区（拟胡同区）	3950	3025	19.36
35%密度区（拟老城区）	10100	1900	12.16
25%密度区（拟商业区）	13400	1200	7.68
主路径	3757	3757	24.04
广场	2240	2240	14.34

分区比例

尺度
密度
强度
高度
速度

65%密度区　35%密度区　25%密度区

四度平面图

平面图 1:500

作业2 "四度"空间概念规划

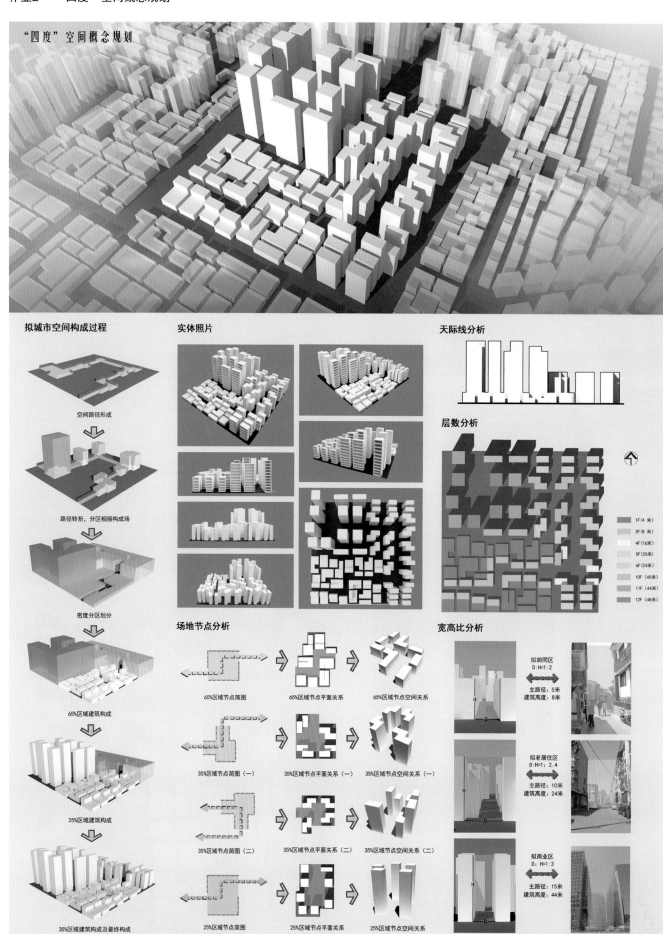

"四度"空间概念规划

拟城市空间构成过程

空间路径形成

路径转折，分区相接构成场

密度分区划分

65%区域建筑构成

25%区域建筑构成

35%区域建筑构成及最终构成

实体照片

场地节点分析

65%区域节点简图 / 65%区域节点平面关系 / 65%区域节点空间关系

35%区域节点简图（一） / 35%区域节点平面关系（一） / 35%区域节点空间关系（一）

35%区域节点简图（二） / 35%区域节点平面关系（二） / 35%区域节点空间关系（二）

25%区域节点简图 / 25%区域节点平面关系 / 25%区域节点空间关系

天际线分析

层数分析

1F（4 米）
2F（8 米）
4F（16 米）
5F（20 米）
6F（24 米）
10F（40 米）
11F（44 米）
12F（48 米）

宽高比分析

拟胡同区
D∶H＝1∶2
主路径：5米
建筑高度：8米

拟老居住区
D∶H＝1∶2.4
主路径：10米
建筑高度：24米

拟商业区
D∶H＝1∶3
主路径：15米
建筑高度：44米

广场总分析

设计说明

　　广场是位于城市之中、且不被建筑物所占用的露天场所，以吸引、组织人们进行休憩、交往、娱乐、信会等各种室外活动。广场必须有明确的边界范围和空间围合，较好地协调周围建筑物、道路、绿化、水体的关系。广场要配置一定的设施，改善城市的环境质量，成为城市景观风貌的重要体现场所。

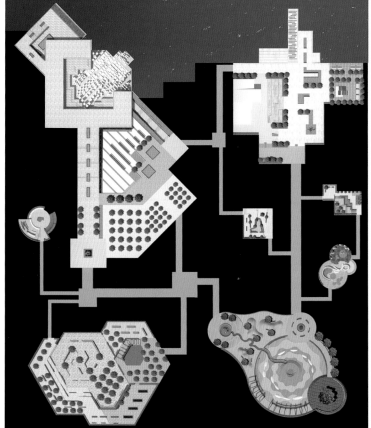

交通组织

图例
1. 纪念广场
2. 文化广场
3. 展览广场
4. 市民广场
5. 运动广场
6. 修改广场
7. 儿童广场
8. 街边绿地

空间节点

图例
◎ 空间节点

广场色调

图例
庄重
前卫
清新
极限
活跃
曲折
自由

广场封闭性

图例
开放性
封闭性

空间丰富性

图例
丰富空间
中等空间
贫瘠空间

年龄组成

图例
儿童
青少年
成年人
老人

海啸纪念广场

纪念广场

设计说明

纪念在海啸中被毁掉的房屋和城市，以及不幸失去生命的人们。这个一万平方米的广场采用沉静肃穆颜色的材料修建，让人走在其中能够静心宁神。其中设有树阵，庄严肃穆，在树阵中设有木质座椅，既能保证广场的整体肃穆之感，又能满足游览者的休憩需要。长长的林荫走道和走道两侧的刻有灾难城市的瀑布墙壁，无疑是在提醒人们为在海啸中逝去的缅怀和祈祷。在道路尽头的下沉式广场模拟了海啸淹没城市的过程，海水每天的退潮和涨潮中一遍遍淹没着下沉式广场中的城市。随着时间的变化，景观亦是不同，在提醒人们缅怀的同时，也创造了一个生动多变的广场景观。

海啸广场鸟瞰

海啸广场坐落于海岸线上，利用自然环境营造景观。广场以纪念空间为主，辅以感受空间，休息空间等等。

空间结构分解

本广场由四大空间构成，树阵休息空间，雕刻墙纪念空间，再道感受空间，模拟海啸空间。同时配以一些观者小品，增加了纪念空间的丰富度。在模拟空间中，看着一个模拟的城市慢慢临被海水吞噬，人们会有身临其境之感。

海啸景观分析

(13:00P. M.)

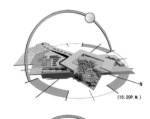
(15:20P. M.)

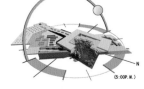
(5:00P. M.)

海啸体验装置：此装置利用一天中的潮汐模拟海啸淹没城市，让来参观的人能身临其境的感受海啸带来的震撼之感，同时还能让人们正确地认识海啸。

路径分析

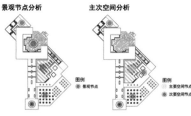

图例
主要交通流线
次要交通流线
纪念交通流线

植被分析

图例
草坪与花池
常绿植被
乔木与灌木

景观节点分析

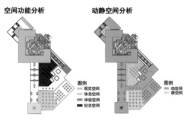

图例
景观节点

主次空间分析

图例
主要空间节点
次要空间节点

空间功能分析

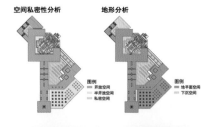

图例
观赏空间
休息空间
感受空间
纪念空间

动静空间分析

图例
动空间
静空间

空间私密性分析

图例
开放空间
半开放空间
私密空间

地形分析

图例
地平面空间
下沉空间

下沉平面图　1：750

下沉平面图　1：750

首层平面图　1：750

主题素材	模拟城市模型	海啸广场主题景观装置，模拟海啸淹没城市之感，突出纪念意义。
	观景平台	海啸广场坐落于海边，观景平台提供了一个观览海景的场所。
	城市骨架浮雕	在浮雕上雕刻着城市骨架和城市肌理，能让观者清楚地了解，这个城市未被海啸侵蚀前的原始面貌。
	纪念墙	纪念墙以黑色大理石为主，凸显庄重肃穆之感，同时上边墙刻着遇难者的名字。
	海啸雕塑	海啸雕塑放置在纪念广场主入口，雕塑造型由三根蓝色钢柱向上盘旋扭曲，犹如旋窝一般。
	城市壁画	由高空瀑布及铜墙壁画构成的景观墙。
基础设施及绿化	花池	花池，用来提升空间色彩，同时也用来区分不同空间。
	木长椅	木长椅放置在主景观区域里，为参观主景观的人提供休息的区域，同时提升空间色彩。
	树池座椅	树池座椅放置在树阵广场中，这种座椅不会被阳光晒到，树形成了良好的树荫空间。
	绿篱座椅	绿篱座椅放置在主纪念空间中，绿篱的高度恰好给人们营造了一个私密空间。
	常绿乔木	常绿乔木主要运用在树阵上，其次用于行道树。总共种植62棵，树阵广场运用了49棵，为树阵广场营造了一个相对私密空间。
	风景树	风景树主要运用于转换空间时给人带来别样的感受，在纪念中运用了4棵。
材质铺装	白方砖	运用在树阵广场中的地面铺装。色彩与纪念空间的色彩成对比。
	彩色长砖	运用在主景空间的地面铺装。色彩相对丰富，强调空间。
	水泥涂料	广场主体道路色铺装。给人以庄重肃穆之感。
	黄方砖	运用在入口广场及体验空间。颜色相对淡雅，给人以倾心之感。

　学生姓名：赵睿、姜淼　指导教师：范霄鹏等

音乐广场
文化广场

设计说明

文化广场主打音乐文化，并在广场内设有可以表演的音乐舞台，舞台非线性的灵动线条表现出音乐的独特韵律与情趣，让人们在享受音乐的同时能够充分放松融入其中。与舞台相呼应而设计的看台是按照人体工程学设计的，每个抬起高度差正好是人们的坐着时的高度。在进入音乐广场时，首先看到一个音乐雕塑，之后可以直通亲水栈桥。还有一个有趣的空间，一边拥有一个音乐装置，为爱好音乐的人提供了平台。音乐广场是爱好音乐人的乐土。

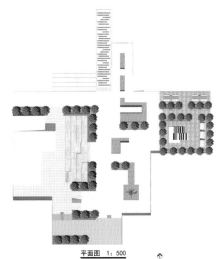

平面图　1：500

主题素材		音乐舞台	音乐舞台不仅仅是供音乐人开演唱会，也是音乐广场的中心景观，它的造型利用了非线性弧形顶。
		音乐看台	音乐看台的造型是呼应它所对应的音乐舞台，为人们提供听音乐的场所。
		音乐广场雕塑	音乐广场雕塑矗立广场入口，它引领这一天亲水轴线。这个雕塑结构简单，虽然仅仅的几个非线性钢架组合，但是却有极强的韵律。
		音乐钢琴	音乐钢琴灵感来自与生活中的钢琴，利用高科技手段进行加工。
		栈桥	栈桥连接着两个截然不同的空间。栈桥尽头是一望无垠的大海，而另一遍则是暗涌的音乐声音。
		亲水平台	亲水平台灵感来自于楼梯，人们在走下每一个大台阶时，都会感受到对大海的气息。
基础设施及绿化		座椅	弧顶座椅的弧顶设计，一是为了呼应音乐舞台的大型弧顶。二是弧形的顶可以遮挡由海边照射来的强光，给人营造出一个适宜的环境。
		花池	花池里边可以种植大量的一年或两年生的草本植物，丰富空间的色彩，同时增加空间的丰富度。更加有趣味性。
		景观树	风景树主要运用于转换空间时给人带别样的感受，还可以遮挡轴线在音乐广场中运用了5棵。
		常绿乔木	常绿乔木在音乐广场大量运用，首先将音乐表演空间包围，其次在体验空间也大量运用。在音乐广场中共运用了49棵。
材质铺装		彩色瓷砖	彩色瓷砖运用在一个比较私密的空间，增加了空间色彩既丰富度。
		灰瓷砖	灰瓷砖运用在了音乐广场主空间中，灰色与舞台的颜色遥相呼应。
		大理石	行走空间运用的均为这种大理石，高雅且很清新，给空间带来了活力。

交通流线分析

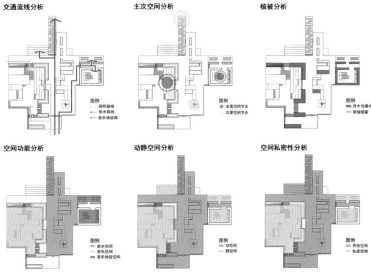

图例
● 视听路线
● 亲水路线
← 音乐体验路

主次空间分析

图例
● 主要空间节点
● 次要空间节点

植被分析

图例
乔木与灌木
常绿绿篱

空间功能分析

图例
亲水空间
音乐空间
音乐体验空间

动静空间分析

图例
动空间
静空间

空间私密性分析

图例
开放空间
私密空间

音乐广场装置分析

音乐舞台
灵感来自音乐旋律高低起伏，因此舞台的顶部设计成四条曲线，高低错落。同时，由于顶部设计是非线性的，导音效果增强，给热爱音乐的人一种别样的视听感受。

音乐体验装置
灵感来自于钢琴，将钢琴的元素增加到场地中。人们可以亲自体验，这个装置当人踩上时，它会根据人的压力，脚步的尺码等等不同因素，它会发出不同的音乐。这个装置让人亲自当了一次作曲家，演奏出自己喜欢的音乐。

音乐广场鸟瞰

此广场的主题为音乐，在主入口处设计了一个由旋律抽象出来的大型雕塑，之后沿着水系走，可以到达栈桥长廊，让人们可以更加贴近海洋，放松心情。主空间设计了一个大型舞台，可以用来开个人演唱会等。

空间结构分解

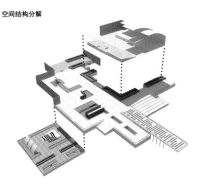

本广场的主题为音乐，音乐视听空间，音乐体验空间，亲水空间。音乐视听空间，人可以直接享受音乐，那里会有大型演唱会为你提供。音乐体验空间，那里拥有个人音乐装置，人们可以亲自创作自己喜欢的音乐。亲水空间，既是人们观赏水景的好地方，更是衔接另外两个空间的纽带。

亲水市民广场

市民广场

设计说明

本广场是为市民提供活动场地的市民广场。场地内设有三处水景，同时水流穿过场地中央，为市民提供亲水活动。场地内各个位置的人都会被最高处吸引并前往。场地内多处设有座椅，为市民提供休憩的场所。

市民广场鸟瞰

广场有三个区域组成，两个入口空间，一个主体空间。其最高的空间为视觉端点。场地内各个位置的人都可以看到，并吸引游人前往。其连接的空间也富有趣味性。整个空间融入大量的水元素，营造一个亲水的广场。广场内设有一定数量的座椅，满足人们休憩的需求。广场动静结合，为市民提供一个适宜活动的场所。

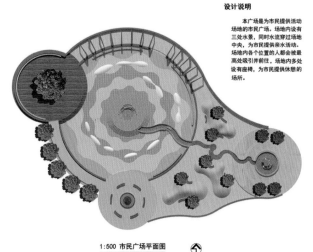

1:500 市民广场平面图

空间结构分解

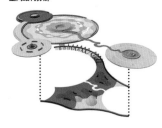

类似园林的场地提供戏水的场地和休憩的空间，同时又是相对私密安静的空间。

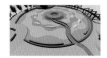

广场主空间内的座椅设置灵活可以满足市民的亲水与休憩等行为活动。在入口处设有坡道可以直接到达开敞的空间，满足老人等的需求。

入口广场设有座椅为人们提供休息的地方，行人可选择是否进入场地内，入口的水景为场地内喷泉提供水源。

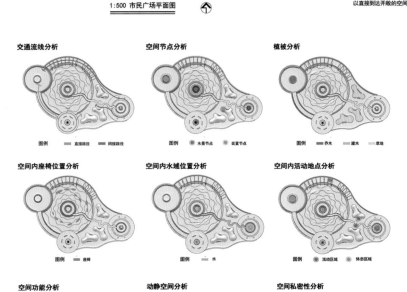

交通流线分析

图例 ▬ 直接路径 ▬ 间接路径

空间节点分析

图例 ● 水景节点 ● 装置节点

植被分析

图例 ▬ 乔木 ▬ 灌木 ▬ 草地

空间内座椅位置分析

图例 ▬ 座椅

空间内水域位置分析

图例 ▬ 水

空间活动地点分析

图例 ● 活动区域 ● 休息区域

空间功能分析

图例 ▬ 宽阔场地 ▬ 休息区 ▬ 主广场 ▬ 入口广场

动静空间分析

图例 ▬ 静空间 ▬ 动空间

空间私密性分析

图例 ▬ 私密空间 ▬ 开敞空间

主题元素	座椅		现代感材质的座椅，表面为曲面，位于广场中心区，可以满足人们不同姿势的需求。
	座椅组合		单个座椅，几个座椅组合成一组座椅更有趣味。
	座椅		入口的座椅简洁，同时在色彩上充满活力，富有吸引力。
	廊架		有钢制制成的廊架本身就是艺术品，其造型不一，一定规律的组合成廊道达到界定空间，引导方向的作用。
	廊道		由廊架组成的廊道本书就是一处景观，同时又是空间的界限，连接这两个空间，引导人进入到下一个空间。
	中心喷泉		广场中心水景，既可以亲水又可以休憩。
	入口喷泉		入口跌水既是一景观又是以抬高水位的装置。
	水流		水流由入口广场的跌水流入广场中心，人们在两侧可以游玩。
	入口喷泉		入口喷泉吸引人，给人以视觉上的兴奋，同时吸引人们。
基础设施及绿化	风景树		风景树在地势最高处形成一个空间节点。
	乔木		用于坡道的遮荫和美化。
	树池		可以提供座椅的木制树池。
	绿篱		空间的界限和绿化。
	草地		既是绿化优势遮挡视线，营造集融的地形。
材质铺装	中心铺装		中心铺装组合成特殊的铺装。
	中心铺装		中心铺装组合成特殊的铺装。
	入口铺装		入口铺装简洁干净，同时花纹又组合成图案。
	道路铺装		营造一个类似于田园的道路。

学生姓名：赵睿、姜淼 指导教师：范霄鹏等

艺术品展览广场

展览广场

设计说明

　　展览广场为城市提供展览空间，同时在不展览的时候可以为人们提供活动的场地。本广场以六边形为原型，设计好浏览路线之后，在路线的两侧围合成场，提供展览空间。不同铺地展现不同的分区以用于展览不同的展品。在入口有一片水域，成为一个吸引游客的一个入口广场。在浏览的途中设有树阵，为观展者提供遮阴。在主场地内设有可供人休憩的树池，这样在游览的过程中满足观展者休憩的需求。主场地内设有既可以摆放展品又可以当做座椅的装置，在广场内未有展览的时候，可以成为一个供市民活动休憩的广场。整个广场的设计充分地将观展与休憩结合，二者容为一体。强调观展路线，又给人观展的选择。

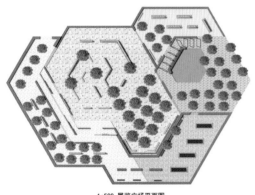

1:500 展览广场平面图

空间结构分解

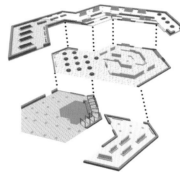

　　展览流线：观展者在进入入口广场后可以选择一条以行走为主的观展空间，随后又可以进入主展览空间，流线上既有展览的设置又有休憩的设施。

　　展览主空间：展览主空间位于场地的中心，其中有树阵围合出的相对私密的休憩空间。场地中间是一组将展览与休憩相结合的展览设施。

　　入口空间：入口空间种植乔木，与入口相对的是一组吸引人的的水景，同时远处廊架与其呼应，观展者在此可选择观展的先后顺序。

　　安静的展览空间：此展览空间相对较为安静，同样以观展流线组织场地。在场地内设有休息区以及观展区。观展的设施同样将水元素融入进去，营造一个相对安静的气氛。

展览广场鸟瞰

　　广场通过树阵以及流线的引导带领观展者完成整个过程。同时广场靠流线组织空间，将各个空间串联起来形成一个完整的展览空间。广场将活动与休息有机的结合。

交通流线分析

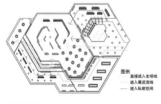

图例
━━ 直接进入主场地
━━ 进入展览流线
━━ 进入私密空间

空间功能分析

图例
■ 入口空间
■ 展览空间
■ 休憩空间

空间节点分析

图例
◉ 空间节点

动静空间分析

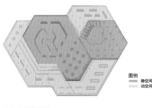

图例
■ 静空间
■ 动空间

植被分析

图例
■ 常绿灌木
■ 落叶乔木

空间私密性分析

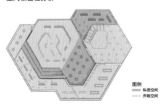

图例
■ 私密空间
■ 开敞空间

主题素材		展墙	展墙位于阶梯的地势上可以为人们提供座椅，又有不同高度。
		展墙	展墙位于主展场，用于摆放不同展品，同时提供座椅。
		展墙	大面积的展墙适合放一些大件的展品，同时高差富有变化。
		展墙	该展墙位于主空间内，有遮挡视线的作用，又可提供座椅以及展台。
		展墙	该展墙位于地面，给以俯视展的视角。
		展墙	展墙加以水元素的结合，其位于相对安静的区域，加上水元素更有意境。
基础设施		廊架	运用钢结构制作的廊架，用红色使其更明显。
		座椅	长条的大理石既可以做装饰之用，又可以提供座椅。
		绿篱	长条状的绿篱既可以做装饰作用，又可以围合空间划分空间。
		座椅	座椅用大理石与木材相结合，木质的椅面给人舒适的感受。
		树池	六边形的树池，形状与整个广场的外形呼应，提供座椅。
地面铺装		铺装	带有纹路的铺装用在展览流线上，用于引导展览方向。
		主场地铺装	主场地的地面铺装，给人以置身展品的世界的感觉。
		入口铺装	用于入口广场上，颜色相对淡雅，同时配合入口景观，吸引观展人。

儿童广场鸟瞰

滑梯广场

儿童广场

设计说明

在儿童眼中，世界是五彩缤纷、充满奇妙幻想的。在儿童广场的设计中，我们就是抓住了这一特点，广场中央的大滑梯超越以往滑梯刻板单调的直线形式，非线性的扭转梯道和艳丽的色彩带孩子走进他们心中所求的游乐乐园。儿童广场还设置有形态奇特不受拘束的沙坑和微型山丘，都是儿童心目中完美的游戏地点。同时，儿童广场中还为带儿童来游戏的家长设置等待座椅，既能休息，也能在一旁保护孩子的安全。

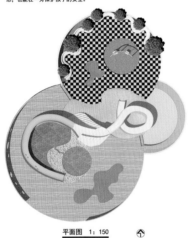

平面图 1：150

流线分析
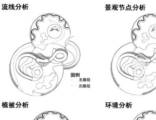
图例
主路径
次路径

景观节点分析

图例
景观节点

植被分析
图例
草坪与花池

环境分析
图例
沙地区
水池区

空间功能分析
图例
亲水游乐区
亲沙游乐区
休息区

动静空间分析
图例
动空间
静空间

主题素材		大滑梯	儿童广场中，我们设计了一个双向大滑梯，滑梯采用非线性造型，让儿童在两个空间中自由穿梭，乐趣无穷。
		弧形墙	我们将弧形墙上开了许多大小不一的圆洞。有的圆洞是空的，有的圆洞中有哈哈镜，有的圆洞中有玻璃。
		沙地	沙地在儿童广场之下，一是沙地可以保证沙地安全，二是许多儿童都热爱沙子，喜欢在沙子中嬉戏玩过来。
		草坡	草坡在儿童广场中有两个作用，一个是它能丰富空间内的元素，二是儿童喜欢在草地上滚来滚去。
基础设施及绿化		秋千	在儿童广场中，我们设计了两个秋千，秋千的高度不同，能适用于不同年龄的儿童。同时，这个秋千由曲线组成，其形状符合儿童广场的基本造型，是儿童广场的主要素。
		座椅	非线性座椅也是这个广场中好玩的部件之一。这个座椅的灵感来自蓝色港湾。
		常绿乔木	常绿乔木是儿童广场之肺，给儿童提供新鲜的氧气。共栽种7棵。
材质铺装		木材	主空间区利用木质铺装，能对儿童起一定的保护作用。与浅色融合。
		双色铺装	铺装颜色丰富，能够增加儿童的娱乐兴趣，同时也增加了空间丰富性。
		红色塑胶	红色塑胶铺在秋千下，主要作用是保证儿童安全。

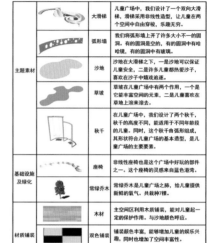

极限运动广场

运动广场

运动广场鸟瞰

设计说明

这个广场是专门给酷爱极限运动的人准备的，这个广场主要分为两个区，一个是跑酷区，另一个是滑板和小轮车区。广场中的所有摆设都是经过精心设计的，如跑酷墙、U池等等。还有，我们在墙面的铺设上采用了涂鸦的手法。通过这面墙就能知道这里是极限运动广场。专门为想要寻找极限运动刺激的人设计的。在这个广场中的人会不由自主地热血沸腾起来。

平面图 1：150

交通流线分析

图例
滑板运动流线
跑酷运动流线

植被分析
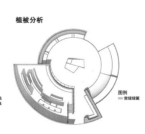
图例
常绿绿篱

空间功能分区
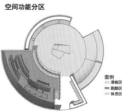
图例
滑板区
跑酷区
休息区

动静空间分析
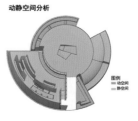
图例
动空间
静空间

主题要素		U池	U池是轮滑运动者的最爱，因此我们利用广场内的空间构型设计了一环形U池。
		跑酷架	跑酷架，其中最高的架子有3.8米，跑酷者可以挑战不同高度。
		涂鸦墙	涂鸦墙给跑酷空间增加增加了立面色彩，同时使空间更有趣。
		跑酷墙	跑酷墙拥有不同高度，不同组合的玩法，是跑酷者的最爱。
基础设施及绿化		座椅	绿篱与座椅结合，既能形成一个封闭空间，又能供人休息。
材质铺装		灰涂料	轮滑空间地面铺砖利用灰色，能使空间更有硬度。
		大理石	座椅用浅一点的灰色，体现出空间渐变。
		木材	U池使用木材，有一种前卫之感。
		方砖	跑酷空间采用地砖铺设，增加摩擦力，有助于跑酷运动。

一、课程简介

掌握城市详细规划工作各阶段重点，有能力在规划中应用城市规划与设计原理。从确定目标、提出优选方案、制定文件图纸，到审批、实施、管理等各阶段的工作要求、内容及其相互关系。有能力运用科学方法从事资料数据收集、分析问题、处理矛盾、进行综合决策等工作；了解规划全过程中动员、组织公众参与的方式方法；有能力从事城市居住区、住宅小区的规划方案设计；有能力从事住宅建筑设计（选型）和居住区环境景观规划方案设计。

二、课程基本要求

了解城市居住生活，掌握居住区规划设计的基本程序和方法，了解进行修建性详细规划的一般方法。有能力根据规划各阶段要求，选用恰当的表达方式和手段；有能力绘制规划设计草图、现状分析图表、图解、建筑群的表现图或进行模型实验等，以表达规划意图；有能力参与编写规划设计文本、纲要、说明书，并有能力以书面和口头的方式较清晰准确地表达规划设计意图与各项建议。

三、课程内容与方式

1. 单元一　居住小区规划（包括小设计"组团规划"和大设计"居住小区规划"两部分）

（1）选择一至两个总面积为20～45公顷的小区，如果小区在本地，则对小区进行实地调研。如果小区在外地，则综合分析各方面资料，对小区所处居住区及周边地块的交通、公共服务设施进行分析，阅读相关规范，了解居住区设计的主要内容和问题。

（2）对该小区（或相邻两个小区的）用地布局、交通组织等内容进行安排，适时绘制草图、分析图和相关计算机图纸，用工作模型或计算机建模予以辅助，结合后面的单元，对技术经济指标予以核算。

（3）从整体中抽取一个组团进行深化设计，结合后面的单元，解决组团中存在的各类矛盾与问题。

2. 单元二　住宅建筑设计（选型）

（1）了解住宅建筑的类型；掌握住宅建筑功能的原则和分析方法、方案设计（选型）的基本方法，以及建筑与环境整体协调的设计原则；

（2）掌握住宅日照、通风、节能、节地设计，套型设计，行为空间及整体性设计等原则；了解建筑设计与自然环境、人工环境及人文环境的关系，有能力根据城市规划与城市设计的要求，对建筑个体作出合理的布局和方案设计（选型）；

（3）有能力根据设计过程不同阶段的要求，选用恰当的表达方式和手段，形象地表达设计意图和设计成果；有能力用书面和口头的方式较清晰而恰当地表达设计意图。

3. 单元三　居住区环境景观规划设计（包括小设计"组团规划"和大设计"居住区规划"两部分）

（1）有能力在居住区规划和景观设计中应用景观规划设计的基本原理；

（2）有能力从事居住区环境景观规划方案设计；

（3）有能力根据设计过程不同阶段的要求，选用恰当的表达方式和手段，形象地表达设计意图和设计成果；有能力用书面和口头的方式较清晰而恰当地表达设计意图。

脉·居住小区规划设计

基地分析

概念生成

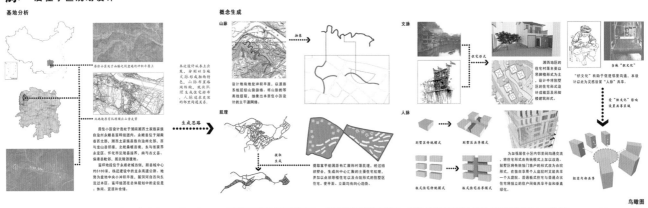

鸟瞰图

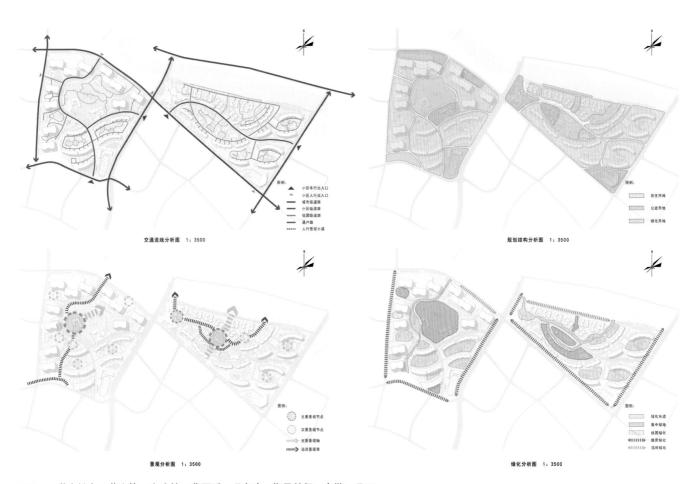

交通流线分析图　1：3500

规划结构分析图　1：3500

景观分析图　1：3500

绿化分析图　1：3500

　学生姓名：范文铮、齐冰竹、曹可昕、冯嘉玲　指导教师：李勤、冯丽

脉 · 居住小区规划设计

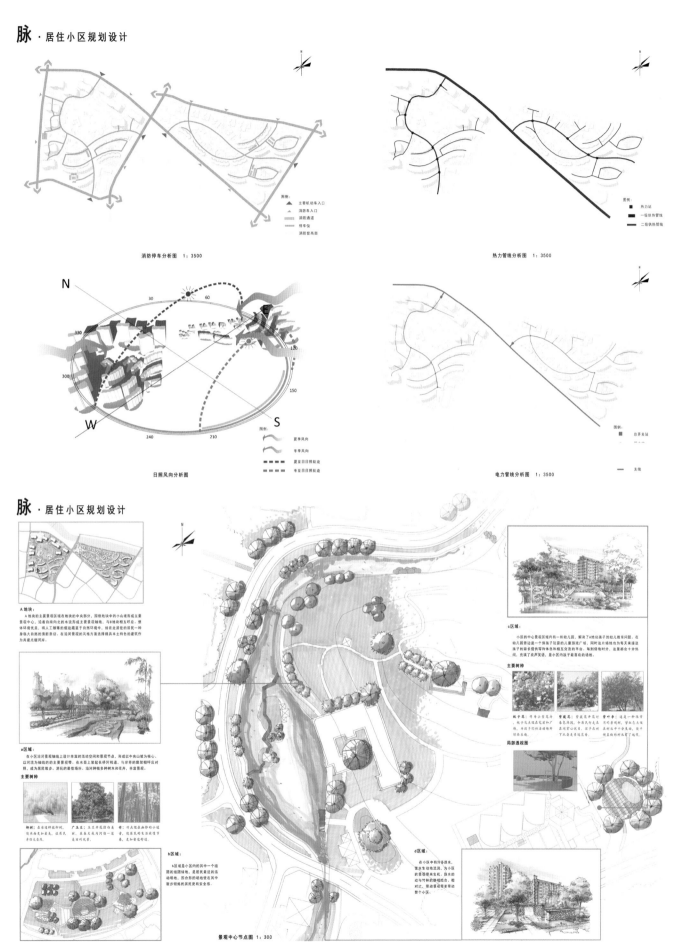

消防停车分析图　1:3500

热力管线分析图　1:3500

日照风向分析图

电力管线分析图　1:3500

脉 · 居住小区规划设计

A地块：

a区域：

主要树种

b区域：

c区域：

主要树种

局部透视图

d区域：

景观中心节点图　1:300

学生姓名：范文铮、齐冰竹、曹可昕、冯嘉玲　指导教师：李勤、冯丽

脉·居住小区规划设计

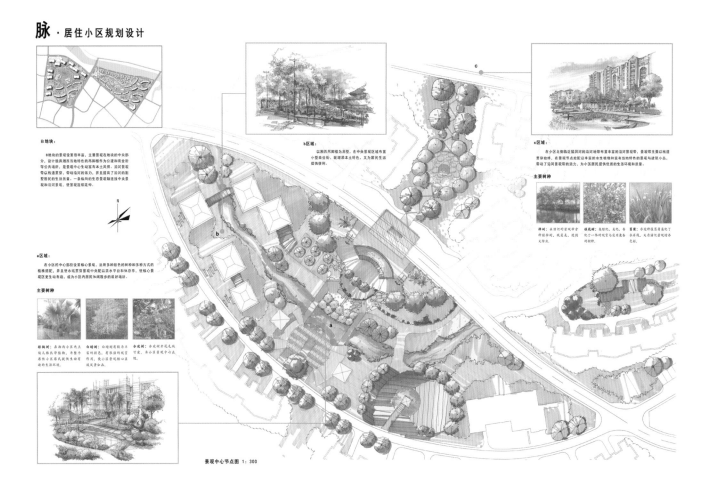

H地块：
H地块的景观设置层次丰富，主要景观为地块的中央部分。设计能表现西方地特色的吊脚楼作为公建部用途各街等公共场所，是景观中心生动富有本土风情。沿河景观带似轴线贯通，带动沿河的活力，并且提升了沿河两侧别墅型居民的生活质量。一条纵向的生态景观轴连连接中央景观和沿河景观，使景观连续延伸。

a区域：
在小区的中心部位设置核心景观，运用多种颜色的树种和多种方式的植株搭配，并且营水线贯穿景观中央以滚水平台和休息亭，使核心景观区生生动有趣，成为小区内居民休闲散步的最好场所。

主要树种

棕榈树 白蜡树 合欢树

b区域：
以湖西吊脚楼为原型，在中央景观区域布置小型商业组团，既增添本土特色，又为居民生活提供便利。

景观中心节点图 1:300

c区域：
在小区北侧临近运河的沿河地带布置丰富的运河景观，景观带主要以线道贯穿始终，在景观节点处搭配以丰富的水生植物和富有地域特色的景观与建筑小品，带动了沿河景观带的活力，为小区居民提供优质的生活环境和质量。

主要树种

樟树 桃花树 芦苇

脉·居住小区规划设计

用地平衡表	
用地总面积（ha）	34.88
住宅占地百分比（%）	20.70
公建占地百分比（%）	9.43
道路占地百分比（%）	21.90
绿地占地百分比（%）	47.97

经济技术指标					
总建筑面积（m²）	7009896.6	容积率	2.01	商业用地面积（m²）	10230	小学建筑面积（m²）	10634
建筑占地面积（m²）	61261.48	绿化率（%）	42.8	商业建筑面积（m²）	167928	托幼用地面积（m²）	3513
住宅总建筑面积（m²）	6942898.12	总户数（户）	4618	会所用地面积（m²）	2426	托幼建筑面积（m²）	6258
住宅占地面积（m²）	35836.86	平均层数（层）	10.76	会所建筑面积（m²）	4852	医疗用地面积（m²）	1831
		建筑密度（%）	17.6	停车位（个）	7460	小学用地面积（m²）	7424	医疗建筑面积（m²）	7326

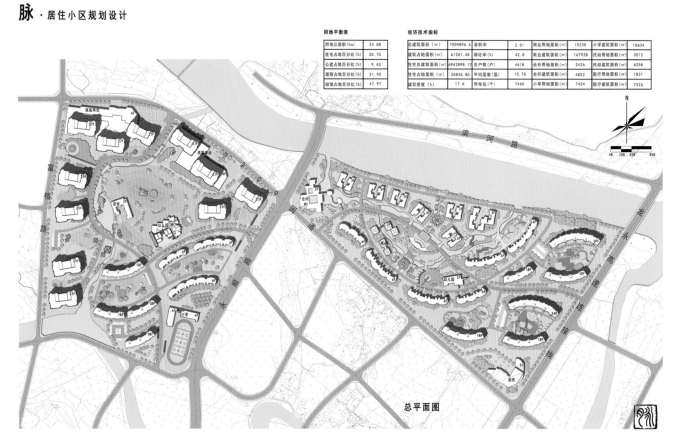

总平面图

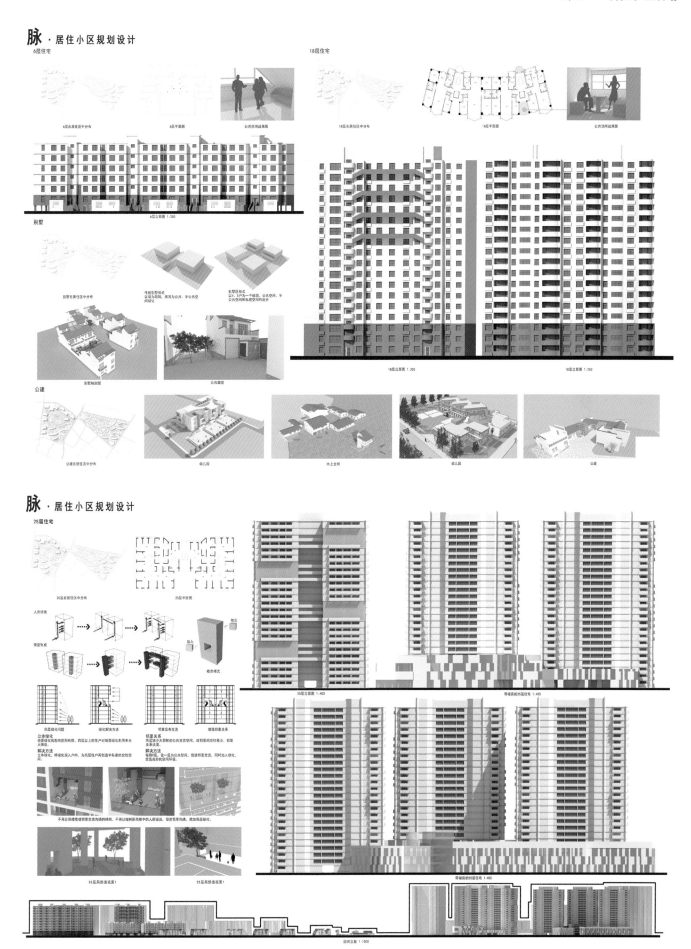

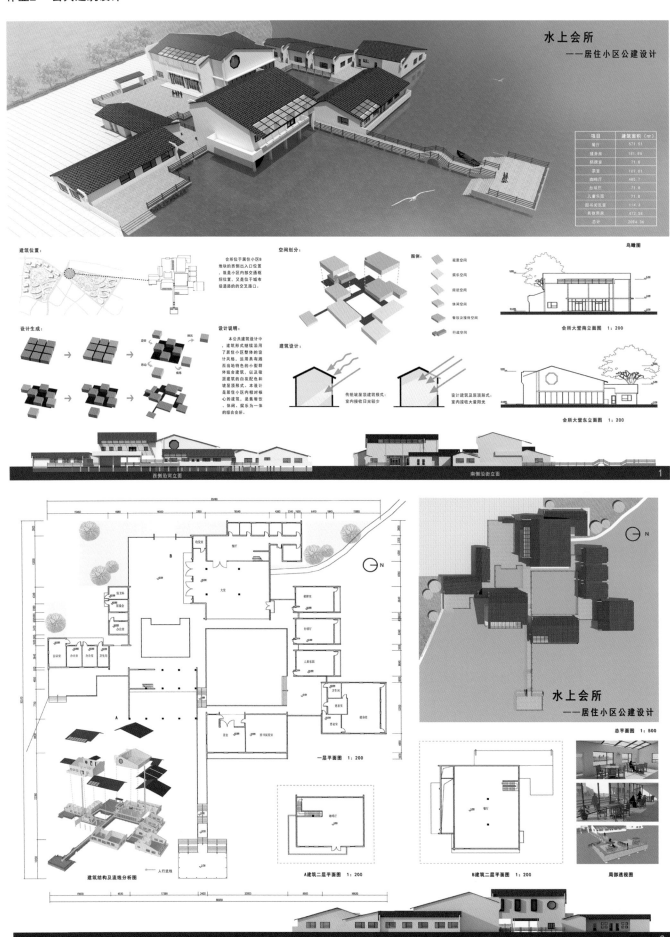

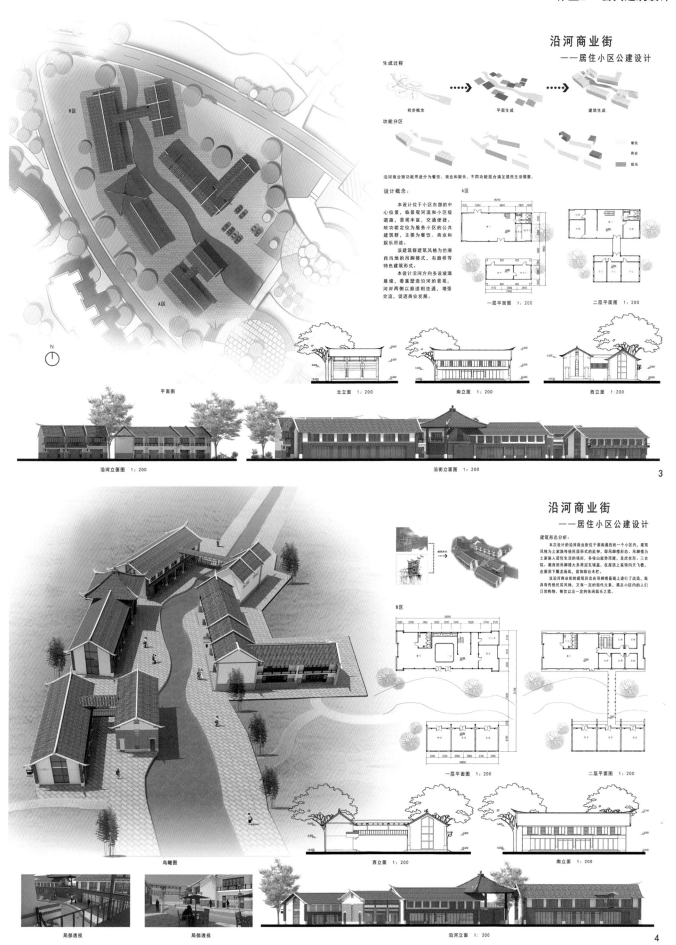

沿河商业街
——居住小区公建设计

生成过程

初步概念　　平面生成　　建筑生成

功能分区

餐饮
商业
娱乐

沿河商业街功能用途分为餐饮、商业和娱乐，不同功能混合满足居民生活需要。

设计概念：

本设计位于小区东部的中心位置，临景观河流和小区级道路，景观丰富，交通便捷，故功能定位为服务小区的公共建筑群，主要为餐饮、商业和娱乐用途。
该建筑群建筑风格为仿湘西当地的吊脚楼式式，有廊桥等特色建筑形式。
本设计沿河方向多设玻璃幕墙，着重塑造沿河的景观。河岸两侧以廊道相连通，增强交流，促进商业发展。

A区

一层平面图　1：200　　二层平面图　1：200

北立面　1：200　　南立面　1：200　　西立面　1：200

平面图

沿河立面图　1：200　　　沿街立面图　1：200

3

沿河商业街
——居住小区公建设计

建筑形态分析：

本次设计的沿河商业街位于湖南湘西的一个小区内，建筑风格为土家族传统民居形式的延伸，即吊脚楼形态。吊脚楼为土家族人居住生活的场所，多依山就势而建，呈虎坐形、三合院。湘西的吊脚楼大多用泥瓦铺盖，在房顶上盖形向天飞檐，在廊前下覆盖画廊，富饰阳台木栏。
该沿河商业街的建筑形态在吊脚楼基础上进行了改造，既具有传统民居风格，又有一定的现代元素，满足小区内人们日常购物、餐饮以及一定的休闲娱乐之需。

B区

一层平面图　1：200　　二层平面图　1：200

西立面　1：200　　南立面　1：200

鸟瞰图

局部透视　　局部透视　　沿河立面　1：200

4

第六章 城市规划设计及原理（历史文化遗产保护规划）

课程介绍

一、课程简介

了解现代城市遗产学新理论，熟悉历史文化遗产保护的基本要求；了解城市历史地段及历史文物保护的目的、原则及相关技术要求。认识、分析、研究城市发展与历史文化遗产保护之间的相互关系，合理解决二者之间的矛盾，促进城市良性发展。

二、课程基本要求

通过本课程的学习，要求学生系统地掌握城市历史文化遗产保护规划的基本内容和设计方法，强调遗产地保护规划中自然与文化的综合研究。

三、课程内容与方式

1. 单元一　基本原理

（1）教学目标：了解历史文化遗产保护的理论与动态；掌握历史文化遗产保护规划的基本程序和方法；

（2）教学课题：历史文化遗产保护规划原理；历史文化遗产保护规划的基本方法；

（3）教学方式：讲授、演示、参观、讨论、讲评等；

（4）核心内容：遗产地历史要素运用方法；

（5）相关内容：遗产地历史要素提取方法；

2. 单元二　方案设计

（1）教学目标：有能力运用科学方法从事资料数据收集、分析问题、处理矛盾、进行综合决策等工作；了解规划全过程中动员、组织公众参与的方式方法；有能力从事历史文化遗产保护规划方案设计；有能力绘制规划设计草图、现状分析图表、图解、建筑群的表现图或进行模型实验等，以表达规划意图；

（2）教学课题：现场踏勘，规划结构设计，模型实验；

（3）教学方式：讲授、演示、练习与辅导、讨论、观摩、讲评等；

（4）核心内容：基本原理与规划设计方法的运用；规划设计的表达方式；

（5）相关内容：规划结构草图（一草、二草）深度要求；工作模型实验辅助方案设计；

（6）实践内容：用地与保护意向真实，具有城市规划设计所要求的历史文化遗产保护规划设计。现场踏勘；历史文化遗产保护规划设计草图（一草、二草）和工作模型实验练习。

3. 单元三　方案表达

（1）教学目标：有能力根据规划各阶段要求，选用恰当的表达方式和手段；有能力参与编写规划设计文本、纲要、说明书，并有能力以书面和口头的方式较清晰准确地表达规划设计意图与各项建议；

（2）教学课题：成果汇编，成果展示；

（3）教学方式：讲授、演示、练习与辅导、讨论、观摩、讲评等；

（4）核心内容：方案设计正图深度要求；

（5）相关内容：答辩、展示；

（6）实践内容：规划方案设计正图手工表达（钢笔淡彩、水粉渲染等技法）练习；方案设计答辩练习；展示。

「前期分析」城市规划设计及原理 北京市大栅栏历史街区保护改造设计

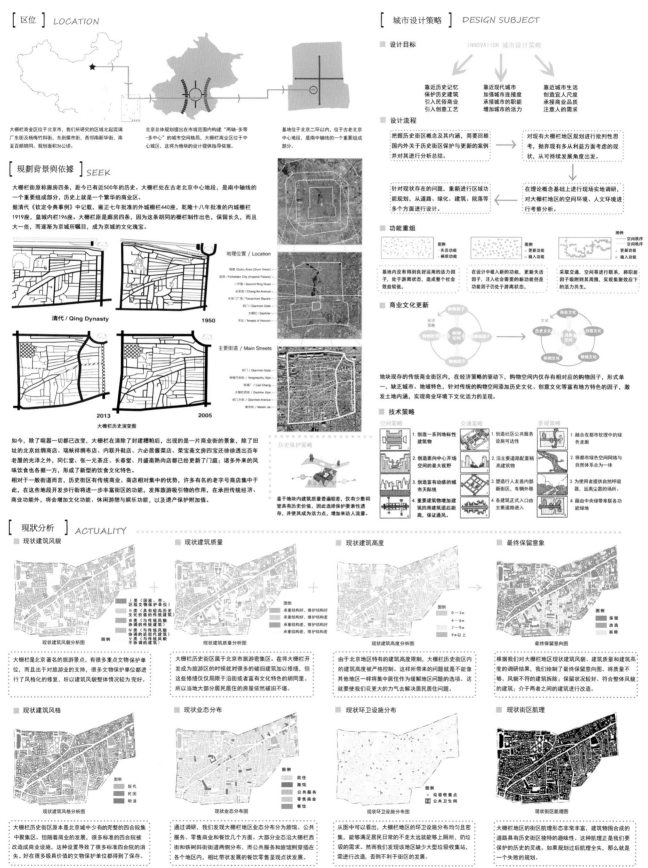

[区位] LOCATION

大栅栏商业区位于北京市，我们所研究的区域北起琉璃厂东街及杨梅竹斜街，东到南新华街，南至百顺胡同。规划面积36公顷。

北京总体规划提出在市域范围内构建"两轴-多带-多中心"的城市空间格局，大栅栏商业区位于中心城区，这将为地块的设计提供指导依据。

基地位于北京二环以内，位于古老北京中心地段，是南中轴线的一个重要组成部分。

[规劃背景與依據] SEEK

大栅栏街原称廊房四条，距今已有近500年的历史。大栅栏处在古老北京中心地段，是南中轴线的一个重要组成部分，历史上就是一个繁华的商业街。

据清代《钦定令典事例》中记载，雍正七年批准的外城栅栏440座，乾隆十八年批准的内城栅栏1919座，皇城内栏196座。大栅栏原为廊房四条，因为这条胡同的栅栏制作出色，保留长久，而且大一些，而逐渐为京城所瞩目，成为京城的文化瑰宝。

清代 / Qing Dynasty　　1950

2013　　2005

大栅栏历史演变图

如今，除了喧嚣一切都已改变，大栅栏在清除了封建糟粕后，出现的是一片商业街的景象，除了旧址的北京丝绸商店、瑞蚨祥绸布店、内联升鞋店、六必居酱菜店、荣宝斋文房四宝还徐徐透出百年老屋的光泽之外，同仁堂、张一元茶庄、长春堂、月盛斋熟肉店都已经更新了门窗；诸多外来的风味饮食也各据一方，形成了新型的饮食文化特色。

相对于一般街道而言，历史街区有传统商业、商店相对集中的优势，许多有名的老字号商店集中于此，在这些地段开步行街将进一步丰富历史区的功能，发挥旅游牵引物的作用，在承担传统经济、商业功能外，将增加文化功能、休闲游憩与娱乐功能，以及遗产保护附加值。

地理位置 / Location
鼓楼 / Gulou Area (Drum Tower)
故宫 / Forbidden City (Imperial Palace)
二环路 / Second Ring Road
长安街 / Chang An Avenue
天安门广场 / Tiananmen Square
前门 / Qianmen Gate
大栅栏 / Dashilar
天坛 / Temple of Heaven

主要街道 / Main Streets
前门 / Qianmen Gate
杨梅竹斜街 / Yangmeizhu Xijie
琉璃厂 / Liuli Chang
大栅栏西街 / Dashilar Xijie
前门大街 / Qianmen Avenue
煤市街 / Meishi Jie

历史保护策略

鉴于地块历史质量普遍较差，保存有少数尚具有历史价值的建筑，因此选择保护要素性遗存，并使其成为活力点，增加来访人流量。

[城市设计策略] DESIGN SUBJECT

■ 设计目标

INNOVATION 城市设计策略

靠近历史记忆
保护历史建筑
引入民俗商业
引入创意工艺

靠近现代城市
加强城市连接度
承接城市的职能
增加城市的活力

靠近城市生活
创造宜人尺度
承接商业品质
注意人的需求

■ 设计流程

把握历史街区概念及内涵，简要回顾国内外关于历史街区保护与更新的案例并对其进行分析总结。

对现有大栅栏地区规划进行批判性思考，抛弃现有多从利益方面考虑的现状，从可持续发展角度出发。

针对现状存在的问题，重新进行区域功能规划，从道路、绿化、建筑、院落等多个方面进行设计。

在理论概念基础上进行现场实地调研，对大栅栏地区的空间环境、人文环境进行考察分析。

■ 功能重组

基地内没有得到良好运用的活力因子，有游离的状态，造成整个社会效益较低。

在设计中植入新的功能，更新失活因子，注入社会需要的新功能但是功能因子仍处于游离状态。

采取交通、空间等进行联系，将职能因子吸附到其周围，实现集聚效应下的活力共生。

图例
失活功能
植入功能

图例
更新功能
植入功能

图例
空间秩序
空间秩序
更新功能
植入功能

■ 商业文化更新

地块现存的传统商业街区内，在经济策略的驱动下，购物空间内仅存有相对应的购物因子，形式单一，缺乏城市、地域特色，针对传统的购物空间添加历史文化、创意文化等富有地方特色的因子，激发土地内涵，实现商业环境下文化活力的呈现。

■ 技术策略

空间策略
1. 创造一系列地标性建筑物
2. 创造面向中心开场空间的中心视野
3. 创造富有动感的城市天际线
4. 重要建筑物增加建筑四周建筑后距离，保证通风

交通策略
1. 创造社区公共服务设施可达性
2. 沿主要道路配置高建筑物
3. 塑造行人友善内部空间，车辆外移
4. 各建筑正式入口由主要道路进入

景观策略
1. 融合在都市纹理中的绿色走廊
2. 将都市绿色空间网络与自然复合为一体
3. 为使用者提供自然呼吸器，过滤尘影的场所
4. 藉由中央缓带来非基本功能绿地

[現狀分析] ACTUALITY

■ 现状建筑风貌

大栅栏是北京著名的旅游景点，有很多重点文物保护单位，而且出于对旅游业的支持，很多文物保护单位都进行了风格化的修复，所以建筑风貌整体情况较为完好。

图例
I 类（国家级文物保护区）
II 类（较具历史文化价值的传统建筑）
III 类（一般传统建筑）
IV 类（传统风格与建筑，无历史文化价值）

■ 现状建筑质量

大栅栏历史街区属于北京市旅游密集区。在将大栅栏西开发成为旅游区的时候就对很多的破旧建筑加以修缮，但这些修缮仅仅局限于沿街或者富有文化特色的胡同里。所以当地大部分居民居住的房屋依然破旧不堪。

图例
承重结构好，维护结构好
承重结构较好，维护结构较好
承重结构差，维护结构差

■ 现状建筑高度

由于北京地区特有的建筑高度限制，大栅栏历史街区内的建筑高度被严格控制。这样所带来的问题就是不能像其他地区一样集中居住作为缓解堵区问题的选项。这就要使我们花更大的力气去解决居民居住问题。

图例
0～3 m
4～6 m
9 m 以上

■ 最终保留意象

根据我们对大栅栏地区现状建筑风貌、建筑质量和建筑高度的调研结果，我们绘制了最终保留意象图。将质量不够、风貌不符的建筑拆除；保留状况较好、符合整体风貌的建筑；介于两者之间的建筑进行改造。

图例
保留
改造
拆除

■ 现状建筑风格

大栅栏历史街区原本是北京城中少有的完整的四合院集中聚集区。但随着商业的发展，很多标准的四合院被改造成商业设施，这种设置导致了很多标准四合院的消失。好在很多极具价值的文物保护单位都得到了保存。

图例
现代
民国
明清

现状建筑风格分析图

■ 现状业态分布

通过调研，我们发现大栅栏地区业态分为旅游、公共服务、零售商业和餐饮几个方面。大部分业态沿大栅栏西街和铁树斜街街道两侧分布，而公共服务和旅游馆则穿插在各个地区内，相比较现状发展的餐饮零售呈现点状发展。

图例
居住
旅游
公共服务
零售商业
餐饮

现状业态分布图

■ 现状环卫设施分布

从图中可以看出，大栅栏地区的环卫设施分布均匀且密集，能够满足居民日常的不走太远就能够上厕所、扔垃圾的需求。然而我们发现该地区缺少大型垃圾收集站，需进行改造，否则不利于街区的发展。

图例
垃圾收集点
公共卫生间

现状环卫设施分布图

■ 现状街区肌理

大栅栏地区的街区肌理形态非常丰富，建筑物围合成的杂乱旧胡同，正是大栅栏历史街区特有的趣味性。这种肌理正是我们要保护的历史的灵魂。如果规划后肌理全失，那么这是一个失败的规划。

现状街区肌理图

「前期分析」 城市规划设计及原理 北京市大栅栏历史街区保护改造设计

[现状]　SITUATION

■ 现状乔木分布

图例
乔木布点
乔木聚集区

现状乔木分布示意图

对地块内主要的绿化因素乔木进行布局优化处理，得出乔木分布大致与绿化分布一致，呈现西多东少的趋势，其中有一定保护价值的树木，应当予以保留。

■ 绿化网格处理

图例
绿化程度较高
绿化程度一般
绿化程度较差

绿化网格处理分析图

以20米×20米为单位对地块内绿地进行格网化处理，最终得出，基地内绿地总体较少，绿地分布无系统、分布不均匀，呈西多东少之势。区域内绿化或沿街排布或呈组团式聚集在一起，缺少大面积的集中绿化。

■ 现状院落边界

图例
院落线

现状院落边界图

整个大栅栏历史街区的房屋密度非常大，使得整个历史街区空间被划分成一个整体，院落的改造牵一发而动全身，成为整个设计的难点。不为改造而改造是我们的主旨，矫揉造作的城市规划只能是对历史街区整体的破坏。

■ 现状院落种类

图例
四合院
L形院
二进院
三进院
单面墙
二合院
杂院

现状院落种类分析图

大栅栏街区中存在着四合院中所有的变形，这就是为什么我们要尽最大可能去保护整个区域的院落。院落的构成有其独特的方式，保护这种方式才将来的修缮。

■ 现状道路分析

图例
城市道路
人车混行道路
人行道路

现状道路分析图

基地内道路分为人行路、车行路和人车混行路三种，其中人行路主要分布在大栅栏商业区内，基地内的人车混行路主要分布在靠近城市干路南新华街附近，方便人们行驶。

■ 现状道路肌理

图例
9m以上
7—9m
5—7m
3—5m
3m以下

现状道路肌理图

此区域道路分为五个等级，路网肌理沿袭了旧时老北京朝同街道风格，整体来看疏密有致，别具特色。图中樱桃斜街和铁树斜街宽度延续大栅栏西街的街道宽度，成为整个地区比较主要的通行线路。

■ 现状活力点

图例
现存活力点
现存活力带

现状活力点示意图

大栅栏西街向西延伸两条道路，犹如一条合流入两条支流一般，因此此地成为人流聚集集散的活力点，再汇入西南角的交汇点，同时由于大栅栏西街人流的延伸和琉璃厂东街的人流形成现存活力带，与活力点共同构成人流汇聚场所。

■ 现状文保单位

图例
文保单位

现状文保单位分布图

历史街区内的文保单位非常繁多，主要以各种形态规格的院落分布于各处。这些在历史街区中的老古董被严密地保护修缮着，它们的存在提升了古老街区的文物保护价值，也扎根于整个街区古朴的土壤。

[现状用地]　DISTRIBUTION

■ 现状用地性质

图例
公共服务设施
商业用地
文物古迹用地
仓储用地
居住用地

现状用地性质分析图

	用地性质	用地面积（公顷）	占总用地百分比
1	居住用地	27.8	63.5%
2	商业用地	4.39	11.9%
3	公共服务设施	2.51	6.8%
4	文物古迹用地	0.42	1.1%
5	仓储用地	0.33	0.9%
6	道路用地	5.83	15.8%
	总用地	36.9	100%

现状用地平衡表

基地特征总结：

（1）此区域内居住用地占地面积过大，人口过密，会造成地区内部拥挤、环境恶化、公共服务设施超负荷的现象。由于该地块位于北京市南二环地段，位置较好，周边医疗服务、商业服务、文化教育服务齐备。

（2）调研数据显示，此地区房屋较矮，有很大一部分房屋建筑综合评价价值低，需要对其进行改建与翻新。

（3）现状树中新植树木多，古树数量少，且缺乏保护措施。绿地面积少及绿化种类单一，不能满足当地居民对于环境的要求。

（4）区域内私搭乱建情况较为严重，使道路宽度变窄，同时区域内无集中停车场，居民将车停放至路面现象严重，加剧道路拥挤状况。

（5）大多数人流聚集点的场地没有经过设计，没有集中的绿地与公园等活动广场。基地内的活力点缺乏系统性规划。

现状用地球状图

图例
用地性质
居住用地
商业用地
公共服务设施
文物古迹用地
仓储用地

■ 现状——人群评价

满意11%
一般51%
不满意27%

住房条件差22%
公共服务设施不完善12%
外来务工人员过多32%
环境卫生差34%

居民居住环境满意度调查

一般42%
不满足58%

私搭乱建占观空间33%
路边停车占观空间67%

路面宽度合理度

不联系不认识7%
点头之交9%
非常熟悉84%

邻里关系状况分析图

其他32%
周边绿化27%
公共绿地12%
公共绿化14%

绿化缺乏状况分析图

其他32%
象棋22%
周边13%
麻将13%
太极8%
纸牌12%

娱乐活动分析图

调研对象：大栅栏地区居民
调研时间：2014.3—2014.4
调研地点：大栅栏西西南角
调研基数：120份（105份有效）

[存在的問題]　PROBLEM

■ 居住环境恶化

大栅栏地区的环境问题随着大量游客的到来而变得日益严重，再加上历史街区的局限性，导致很多微小的问题被无限放大，成为难以改变的劣势。中国的人口造成人口密集区难以改观的环境破坏，古老的街区正经受考验。

■ 绿化面积不足

街区绿化在居民生活中的重要程度不言而喻，街区绿化承载了太多居民活动。而在狭窄的历史街区，绿化仅仅局限于商铺门前的观赏植物，或者是道路两旁依然萧索的行道树苗。对此我们要进行重新规划，即便是在历史街区内也能拥有属于居民的绿地。

■ 内部交通混乱

街区的内部交通主要是为人际疏阔，混乱无序再加上各种不文明驾驶行为，导致整个街区的内部交通陷于恶性循环的状态。很多人将车停在原本就非常狭小的胡同中。应建立集中停车场改变现有局面。

■ 外部交通不便

大栅栏的外部公共交通非常发达，但是街区外围的道路却非常混乱，机动车道与人行道相互交错，混乱不堪的交通设置使得人群与机动车争抢道路，恶化了整个街区的外部交通环境。这些问题都需要解决或者缓解，这样的设计才有价值。

[SWOT分析]　S.W.O.T

优势S（Strengths）

1.该地区位于北京城中轴线的南部，交通便利，地铁、公交站点的设置方便对外联系。
2.周边配套设施（学校、医院等）完备，为居民生活提供便利。
3.该地区是旅游商片区，拥有丰富的民俗资源，具有北京传统建筑的典型特征。
4.具有深厚的历史文化沉淀和传统的商业氛围，具有强大的文化号召力。

劣势W（Weaknesses）

1.地块现状建筑形态、居住环境、公共设施配套都较为落后，难以适应现代城市居民生活需求。
2.历史文保单位缺乏保护，年久失修，部分文保单位已变成大杂院式。
3.现状经济活力衰弱，与地块核心的地理区位和土地经济性极不相符。

机遇O（Opportunities）

1.大栅栏区域西有琉璃厂东西文化街，东有前门大街。从两个不同的方向向大栅栏区进行文化辐射，使该地区有浓厚的人文环境，在满足原有居民的居住下，还承担着外来游客观光的功能，吸引世人的目光，对于该地区的未来发展有着深远的意义。
2.政府和企业的投资为基地加有力的推动力。
3.对传统文化需求的增加，使该地区有希望成为北京最具有特色的地段之一。

挑战T（Threats）

1.如何妥善处理搬迁安置工作，使当地低收入群体不被边缘化，缓解城市居住分化现象。
2.如何在蕴积开发与利用，推动经济发展的同时保留传统的历史建筑与老北京城市肌理。
3.如何满足多重产业辐射对地块带来的多元化需求，带动地区经济快速发展。

[规划意象]　IDEA

    →

我们打算对老旧的历史街区进行新式的街区改造，将枯燥的旧时空间进行拆分重组，注入新元素，使空间更加灵活化并增强其使用功能性，同时可以对街区内部建筑进行修整并着重保护开发文物保护单位，使其发挥其文化和经济效益，促进街区未来的发展。

　学生姓名：张雪莹、余巧婧、郭萧萧、孔德雨　指导教师：李勤、陈闻喆

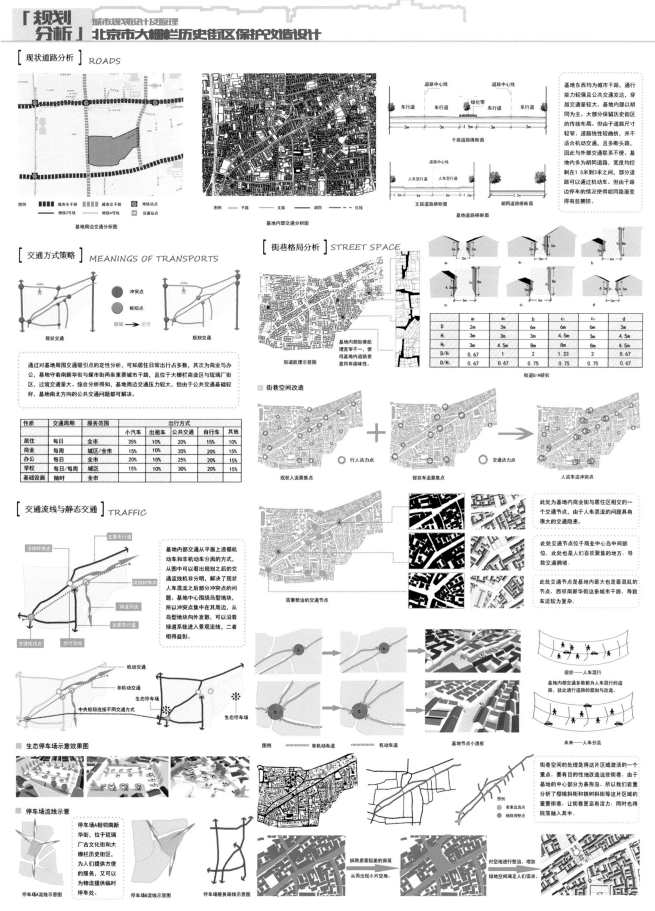

「规划分析」城市规划设计及原理 北京市大栅栏历史街区保护改造设计

[现状道路分析] ROADS

基地东西均为城市干路,通行能力较强且公共交通发达,穿越交通量较大。基地内部以胡同为主,大部分保留历史街区的传统布局,但由于道路尺寸较窄、道路线性较曲折,并不适合机动交通,且多断头路,因此与外部交通联系不便。基地内多为胡同道路,宽度均控制在1.5米到3米之间,部分道路可以通过机动车。但由于路边停车的情况使得胡同路面变得有些拥挤。

[交通方式策略] MEANINGS OF TRANSPORTS

通过对基地周围交通吸引点的定性分析,可知居住日常出行占多数,其次为商业与办公,基地守着南新华街与煤市街两条重要城市干路,且位于大栅栏商业区与琉璃厂街区,过境交通量大。综合分析得知,基地周边交通压力较大,但由于公共交通基础较好,基地南北方向的公共交通问题都可解决。

性质	交通周期	服务范围	出行方式				
			小汽车	出租车	公共交通	自行车	其他
居住	每日	全市	35%	10%	20%	15%	10%
商业	每周	城区/全市	15%	10%	30%	20%	15%
办公	每日	全市	20%	10%	25%	10%	15%
学校	每日/每周	城区	15%	10%	30%	20%	15%
基础设施	随时	全市					

[交通流线与静态交通] TRAFFIC

基地内部交通从平面上遵循机动车和非机动车分离的方式,从图中可以看出规划之后的交通流线机非常分明,解决了现状人车混流之后部分冲突点的问题。基地中围绕岛型地块,所以冲突点集中在其周边,从岛型地块向外发散,可以沿着绿道系统进入景观流线,二者相得益彰。

■ 生态停车场示意效果图

■ 停车场流线示意

停车场A相邻南新华街,位于琉璃厂古文化街区和大栅栏历史街区,为人们提供方便的服务,又可以为物流提供临时停车处。

[街巷格局分析] STREET SPACE

基地内部街巷肌理宽窄不一,使得基地内道路显得有趣味性。

	a₁	a₂	b	c₁	c₂	d
D	2m	3m	6m	6m	6m	3m
H₁	3m	3m	3m	4.5m	3m	3m
H₂	3m	4.5m	8m	8m	8m	4.5m
D/H₁	0.67	1	2	1.33	2	0.67
D/H₂	0.67	0.67	0.75	0.75	0.75	0.67

街道D/H研究

■ 街巷空间改造

此处为基地内商业区与居住区相交的一个交通节点,由于人车混流的问题具有很大的交通隐患。

此处交通节点位于商业中心岛中间部位,此处也是人们喜欢聚集的地方,导致交通拥堵。

此处交通节点是基地最大也是最混乱的节点,西邻南新华街这条城市干路,导致车流量较为复杂。

现状——人车混行

基地内部交通多数都为人车混行的道路,就此进行道路的规划与改造。

未来——人车分流

街巷空间的处理是将这片区域激活的一个重点,要有目的性地改造这些街巷。由于基地的中心部分为条形岛,所以我们着重分析了樱桃斜街和铁树斜街两条这片区域的重要街巷,让街巷更富有活力,同时也将院落融入其中。

拆除质量较差的房屋,从而出现小片空地。

对空地进行整治,增加绿地空间满足人们需求。

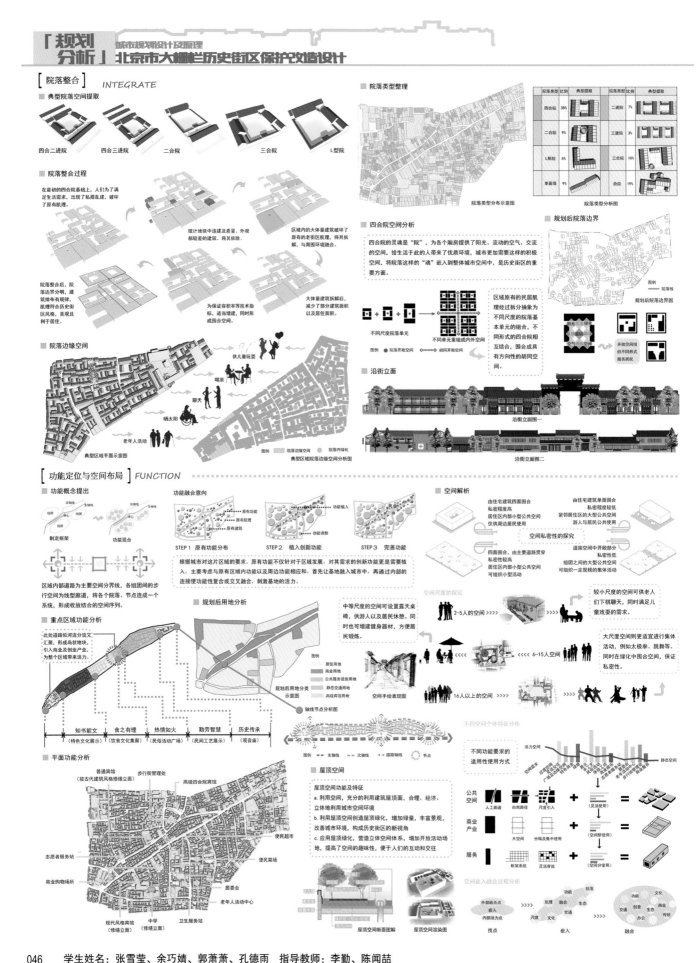

作业 历史街区保护改造设计

「规划分析」城市规划设计及原理 北京市大栅栏历史街区保护改造设计

[院落整合] INTEGRATE

■ 典型院落空间提取

四合二进院　四合三进院　二合院　三合院　L型院

■ 院落整合过程

■ 院落边缘空间

[功能定位与空间布局] FUNCTION

■ 功能概念提出

■ 重点区域功能分析

■ 平面功能分析

■ 院落类型整理

■ 四合院空间分析

■ 规划后院落边界

■ 沿街立面

■ 空间解析

■ 规划后用地分析

■ 屋顶空间

学生姓名：张雪莹、余巧婧、郭萧萧、孔德雨　指导教师：李勤、陈闻喆

「规划分析」城市规划设计及原理 北京市大栅栏历史街区保护改造设计

[重點空間] THE KEY SPACE

■ 特色道路——斜街

历史沿革

清代 1950 2005 2013

岛状地块两侧斜街自清代起始存在，经过历史演变仍然保留至今，可见斜街的存在是合理的。

斜街由来

自然界中的沙洲是由河流冲击而成，街区中的沙洲形成于人流。

斜街定位

将樱桃斜街与铁树斜街定位为民俗文化旅游购物街
成为游人体验中国传统民俗文化的聚集地；
成为中国传统特色民俗工艺品价值交换的平台；
成为真实反映纯正京味文化的一面镜子。

民俗文化旅游的"焦点"定位，聚拢人气，带动整条街区的线性发展，再因相关业态的完善与丰富而拉动两条斜街辐射范围内经济的战略升级。

特色的定位使得斜街将会以其"雅俗相济，高娱相融"的文化内涵，向世人展示独具魅力的京味文化，既满足了人们寻旧的梦想与渴望，又唤起了人们建设共有精神家园的真情，为全国各地游人奉上一顿精神方面的饕餮盛宴。

功能业态分布

茶馆　手工艺品商铺　观音庙
老北京手工艺店铺　手工艺DIY体验工坊
老北京小吃店　咖啡馆　水吧　便利店　商铺
武馆　便利店　酒馆　餐厅　老北京手工艺店铺　茶楼
老物件展览&商铺　画廊　茶楼　便利店　水吧　老北京特色餐厅　手工艺展览馆
入口过渡广场　茶馆　民俗活动广场&露天影院
人力车租赁处　四合院展览　戏楼
古玩展览&商铺　商铺

■ 空间内典型院落利用

结合院内的空间结构和功能来处理"岛"上的院落结构。像这样的L型院适合把厢房作为纪念品销售处，厢房作为陈列展示空间，这样符合游人的游览心理，也符合纪念空间的设置。

标准的四合院适合用于空间展示，或者作文化博物馆和展示厅。若在同一块地块中改造了太多的院落，标准的四合院反而会减少，所以标准四合院更适合做体验空间。

四合二进院空间更丰富，适合做较高级的四合院体验店，住宿面积更大，通风效果更好，更适合于此此体验四合院居住空间的外来游客和高级宾客。

四合三进院结构更为复杂，居住面积更大，更适合前后住的方式。所以四合三进院适合被改造成大型的商业设施。前院经营面积大，后院为员工居住所用。

[案例分析] CASES

■ 东京六本木

六本木地区位于东京都中心港区，距离皇宫0.5公里。
2003年，大型再开发复合都市地带六本木新城完成，让六本木呈现新的面貌，演变成为办公及高级消费场所林立的地区。
2007年年初，国立新美术馆和东京中城相继于六本木完工启用，使六本木跃升成为东京著名的中心商务区之一。
2003年4月，六本木新城开业；此后不到两年的时间，六本木新城已经成为日本东京著名的购物中心和旅游中心，是日本及海外游客的必访之地。

六本木新城由ABC三个基本区域构成：

A区位于项目北端，面对六本木大街，是六本木新城的主要入口。该区直通六本木地铁车站，同时还集商业、教育等综合设施为一体。
B区是六本木新城的核心区，包括54层的"森大厦"主办公楼、拥有300间客房的五星君悦酒店、朝日电视台、综合影院和空中美术馆"森艺术中心"等，一些商业空间、街道和公园把这些主体建筑馆导起来。
C区位于项目的南端，其中的公寓住宅共有840单元，能容纳大约2000人。此外还有一栋多层的办公楼和其他生活辅助设施。

城市设计与项目设计相互结合，充分利用地铁交通和城市公路交通，园林设计立体化，整体设计趣味化，具有丰富的设计内涵。日本人巧妙地解决了交通和城市的关系。
外立面变化比较丰富，采用空间向上退台的方式，与大阪难波城有类似之处。露天广场舞台上设置圆形顶棚，具有很强的聚集导向作用。空中庭院的绿化空间，是顾客可以参与的公共空间。
六本木新城的空中花园，从人的最基本生存需要出发，设置了稻田、蔬菜等田园风格的景观，强调了业主的可参与性，为大城市带来清新的田园景观。

■ 上海新天地

上海新天地以"集生活、工作、娱乐休闲于一体"为理念，致力于建造充满活力的社区，从而带动整个区域的商业繁荣。
新天地分为南里和北里两个部分，南里以现代建筑为主，石库门旧建筑为辅。北部地块以保留石库门旧建筑为主，新旧对话、交相辉映。
新天地因其历史文化的轮廓和内部空间的现代化，以及国际性的经营内容，使中老年人走进新天地感到怀旧，年轻人则觉得时尚，外国人走进新天地感到它很"中国"。

图例
较好质量的建筑
中等质量的建筑
较差质量的建筑

太平桥地区的里弄建筑分布图

里弄活力的来源：
1. 居住人群对于里弄活力的支持（老龄化的居住群体拥有的缓慢的生活节奏和空余的时间；老龄化的居住群体对于原生活方式及传播媒介的习惯依赖）
2. 规划建筑设计对于里弄活力的支持（规划中双向流动的路径；户型设计及居住面积偏小、设施简陋提升了户外形成公共空间的必要性；靠近里弄的是公共性较强的私人空间，功能排布使得公共性得以延伸）
3. 公共性和私密性的良好平衡
4. 居住距离的紧密性使活动发生的几率增加
5. 居民对于无拘束聚集交往的习惯

建筑理念与特色：
外表【整旧如旧】：为重现石库门弄堂昔日的风光韵味，设计及工程以保留房子原貌为原则，弄堂、石库门的门框、门幡、楼房高度以及屋顶晒台等都和当时的一样。墙、铺地及屋瓦尽量采用原来的旧砖，务求贴近它原来的面貌。
内部【翻新创新】：现在的新天地石库门弄堂，外表保旧是昔日的青砖步行道、清水砖墙和乌漆大门等历史建筑，但内里则设有中央空调、自动电梯、宽频互联网，把它改造成全新概念的经营消费场所。

原址人文信息索引图　原址人文信息现状对照图

「规划分析」 城市规划设计及原理 北京市大栅栏历史街区保护改造设计

[创意] ORIGINALITY

■ 空间聚集

建筑空间组合是在熟悉使用空间、使用要求的基础上，进一步分析建筑整体的使用要求，分析各种使用空间之间以及使用空间和交通联系空间之间的相互关系，结合整体规划、基地环境等具体条件，将各使用空间和交通联系空间在水平和垂直方向上相互联系结合，组成一个有机整体。

■ 房屋组合

在民用建筑的各种使用空间中，有的对外联系的功能居主导地位，而有的对内关系密切一些。所以，在进行功能分区时，应具体分析空间的内外关系，将对外性较强的空间，尽量布置在出入口等交通枢纽的附近，对内性较强的空间，力争布置在比较隐蔽的部位，并使其靠近内部交通的区域。

■ 朝向

不同的房屋朝向影响的是整个居住空间的自然环境。在标准的四合院中，房屋的朝向影响着通风采光和建筑组合的排布。所以该区域的建筑朝向也是值得推敲的重要一环。历史街区密集的房屋密度使得房屋朝向更变得尤为重要。

[原住者] RESIDENTS

大栅栏的居民就像很多老北京的居民一样，善于利用每一寸居家土地，这使得大栅栏地区的违章建筑塞满了整个地区。违章建筑的蔓延使得原住者成为街区院落改造最大的阻力。

大栅栏街区的院落原本是中国标准四合院结构的代表，但是随着中国人口的膨胀破坏了这些建筑艺术瑰宝。恢复这些院落也是很大的难度。所以历史街区改造是复杂的社会问题，需要整个社会的群策群力。

[游人的影响] TOURISTS

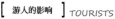

如同每一个历史街区一样，大栅栏的每日每夜都是熙熙攘攘的，游客如滴水穿石一般影响着大栅栏。游客带来了商业的繁荣，带来了大栅栏宰誉世界的声望，将大栅栏带给世界，又将世界带到如今的大栅栏。

游人让大栅栏变得虚荣，大栅栏必须保持自己的姿态面向世界，而那些真真正正象征大栅栏灵魂的老房子、老街坊，已经被游人冲散了韵味，这是所有历史街区都必须面临的困难，也是古迹世界化无法避免的哀伤。

[外国人在大栅栏] FOREIGNERS

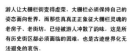

一个历史街区的国际影响力带来了很多外国游客，甚至有些外国游客愿意承受北京的诸多不利因素定居在大栅栏，这些外国人也影响了大栅栏。

这些定居于此的外国人为大栅栏带来了新的因素，这些因素促进了大栅栏的快速发展，但也使大栅栏失去原有的韵味。

大栅栏也影响了这些外国人，这些外国人循着北京的古式生活，带着外国的普世价值观却看洋腔洋调的北京话。就是这样，无法独立于世界，也无法独善其身。

■ 功能平衡

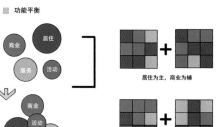

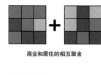
居住为主，商业为辅

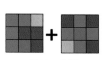
商业和居住的相互取舍

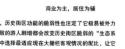
商业为主，居住为辅

历史街区的功能平衡是一个缓慢的过程，历史街区功能的脆弱性也注定了它极易被外力所影响。突然的资本注入、广告效应导致的游人剧增都会改变历史街区脆弱的"生态系统"。而我们要做的就是在无数种搭配中选择最适应现在大栅栏客观情况的配比，让它可以在21世纪更加稳定地发展自己。

■ 尺度

合适人的活动空间是150米的范围内，在这个范围内，人的出行、活动均最为方便。在历史街区中，复杂的人居环境使得人的活动范围被局限住，空间的局促使得公共服务设施不足，这就是我们需要做的改变。

路径的丰富度也是历史街区亟需改善的问题。狭窄的街道非常繁复，景观严重雷同，路径虽然多样，却也很少有人愿意改变路径回家，所以我们要使路径区别开来。

历史街区中心对于整个街区的领导力非常微弱，庞大的流动人口填充了整个街区，所以历史街区人口就更应该加强街区中心功能的建设，这样才能使整个街区成为一个整体。

["岛"] THE ISLAND

大栅栏历史街区的中心有一块非常神奇的地块，它是一个被人流分割开来的岛状结构。就像是河流入海口的冲击沙洲，它增大了商业街的店铺面积，也是大栅栏历史街区最值得推敲的分布形态。

各类建筑往往都是由若干空间组合而成，它涉及三度空间的设计问题。为便于剖析问题和表达设计意图，常将一个完整的建筑物分解为平面、剖面和立面等图式。

各类建筑由于使用性质不同，往往存在着多种流线组织。从流线的组成情况看，有人流、货流之分。从流线的集散情况看，有均匀的和比较集中的。

在对建筑各组成空间进行合理地功能分区和流线组织的前提下，着手于空间组合才能为布局紧凑提供基本保证。在进行具体组合时还应尽可能压延辅助面积。

在民用建筑的空间组合中，除需要考虑结构技术问题外，还必须深入考虑设备技术问题。民用建筑中的设备主要包括上下水、采暖通风，空气调节，电器照明以及弱电系统。

["贴邮票"] PADDING

历史街区空间局促，必须利用好空间的每一部分。所以无法大笔一挥的轴状规划。

景观规划也是从局部出发，利用好每一个需要整顿的院落，将景观设计得小巧且功能丰富。

院落的改造也要小而精，不一味地打通或者整合，而是要将四合院的情趣发挥出来。

丰富功能，破除单一的居住和生活设施，将功能复杂化并改造黑部分的破旧院子

加入绿化元素，改善局部生态。进一步改造破旧院落，提高商业所占比例。

引入旅游业和第三产业，全面改善旧建筑物，提高土地利用率，增大经济效益。

学生姓名：张雪莹、余巧婧、郭萧萧、孔德雨 指导教师：李勤、陈闻喆

「规划分析」 城市规划设计及原理 北京市大栅栏历史街区保护改造设计

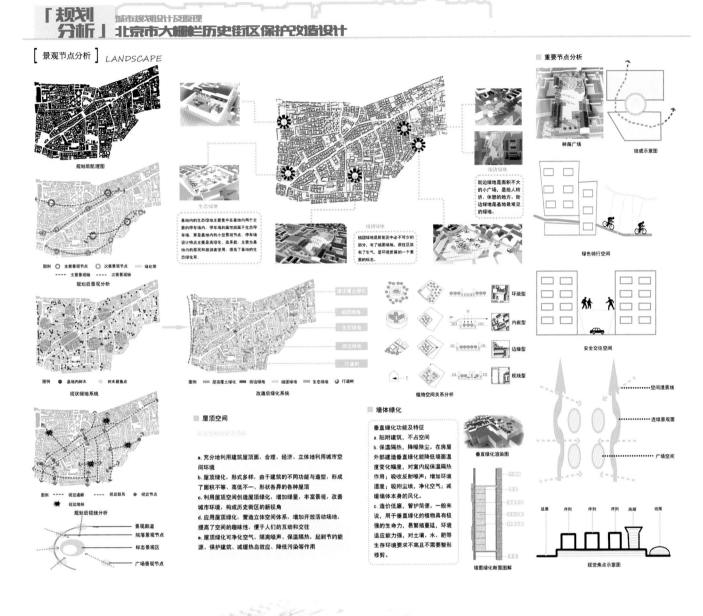

[景观节点分析] LANDSCAPE

规划后肌理图

规划后景观分析

图例：◎ 主要景观节点　◎ 次要景观节点　━━ 绿化带
━━ 主要景观轴　━━ 次要景观轴

现状绿地系统

图例：● 基地内树木　★ 树木聚焦点

规划后视线分析

图例：━━━ 视觉通廊　━━━ 视觉联系　● 视觉节点
★ 视觉坐标

景观廊道
院落景观节点
标志景观区
广场景观节点

生态绿地

基地内的生态绿地主要集中在基地内两个主要的停车场内，停车场的属性就属于生态停车场，是基地内的小型屋顶绿地。停车场设计特点主要是美绿化、高承载。主要为基地内的居民和旅游者使用，提高了基地的生态绿化率。

组团绿地

组团绿地是居住区中心不可少的部分，有了组团绿地，居住区区有了生气，是环境质量的一个重要标志。

街边绿地

街边绿地是面积不大的小广场，是给人转折、休憩的地方。街边绿地是基地最常见的绿地。

改造后绿化系统

图例：● 屋顶屋土绿化　● 街边绿地　● 组团绿地　● 生态绿地　● 行道树

植物空间关系分析

环境型
内嵌型
边缘型
视线型

■ 屋顶空间

屋顶空间功能及特征

a.充分地利用建筑屋顶面，合理、经济、立体地利用城市空间环境
b.屋顶绿化，形式多样，由于建筑的不同功能与造型，形成了面积不等、高低不一、形状各异的各种屋顶
c.利用屋顶空间创造屋顶绿化，增加绿量，丰富景观，改善城市环境，构成历史街区的新视角
d.应用屋顶绿化，营造立体空间体系，增加开放活动场地，提高了空间的趣味性，便于人们的互动和交往
e.屋顶绿化可净化空气、隔离噪声、保温隔热，起到节约能源、保护建筑、减缓热岛效应、降低污染等作用

■ 墙体绿化

垂直绿化功能及特征

a.贴附建筑，不占空间
b.保温隔热，降噪除尘。在房屋外部建造垂直绿化能降低墙面温度变化幅度，对室内起保温隔热作用；吸收反射噪声，增加环境湿度；吸附尘埃，净化空气；减缓墙体本身的风化。
c.造价低廉，管护简便。一般来说，用于垂直绿化的植物具有极强的生命力，青繁殖蔓延，环境适应能力强，对土壤、水、肥等生存环境要求不高且不需要整形修剪。

垂直绿化渲染图

墙面绿化断面图解

■ 重要节点分析

林荫广场

组成示意图

绿色骑行空间

安全交往空间

空间通景线
连续景观面
广场空间

延续　序列　序列　序列　高潮　收尾

视觉焦点示意图

一、课程简介

1. 控制性详细规划

（1）通过规划方法、规划内容、成果表达等几个方面的教学，使学生掌握城市控制性详细规划的原理、方法、内容、基本成果和工作程序。

（2）通过规划地块实体环境调查、文化环境调查、自然环境调查、社会环境调查和市政设施调查等方面的规划基础资料的收集，使学生建立对规划地块的认知，并通过对规划范围内用地现状资料的综合分析，发掘用地的特点，探索未来可能的发展方向。

（3）通过规划设计掌握控制性详细规划的核心内容。

2. 景观规划设计

了解景观规划设计的目的、设计原则、各阶段工作内容及其相互关系；掌握景观规划设计基本原理；了解中外古典园林的发展历史，熟悉古典园林的设计思想和造园手法；了解现代景观规划设计发展趋势。

二、课程基本要求

（1）掌握控制性详细规划的工作程序、内容及相关技术规范。掌握控规的图纸表达、文本与说明书的内容。

（2）了解中外古典园林的发展历史，熟悉古典园林的设计思想和造园手法；了解景观规划设计的基本原理和方法。

三、课程内容与方式

1. 单元一　控制性详细规划

（1）了解控制性详细规划工作程序、内容和方法；

（2）控制性详细规划案例介绍；

（3）对规划地块的定位分析；

（4）规划地块的总体规划部分；

（5）规划地块控规指标的定性与定量分析；

（6）规划地块控规分图则规划；

（7）制作详细规划成果汇报。

2. 单元二　景观规划设计

（1）了解中外古典园林的发展历史，熟悉古典园林的设计思想和造园手法；了解现代景观规划设计的发展与变迁过程；

（2）了解风景区、城市绿化系统、园林等规划设计中的景观要素及其相互关系；

（3）掌握景观规划设计基本原理；了解景观规划设计的原则、程序与方法；

（4）了解世界著名景观设计师及其作品；了解现代景观规划设计发展趋势。

河南省南阳市社旗县古城区控制性详细规划

社旗县与周边省会城市的相互位置

社旗县在河南省的位置

社旗县在南阳市的位置

规划用地在社旗县的具体位置

南阳市城镇体系规划图

河南省的经济发展线

规划用地与赊店镇历史文化名镇规划的协调与衔接

河南省城镇体系规划（2007—2020）

南襄地区城镇群规划图

规划用地在社旗县规划中位置

规划用地在社旗县规划中的协调与衔接

学生姓名：石琳、任宏伟、章文靓、张思维、许言、刘德成、李潇、李迪希、杨玉龙、王天一、方舟　指导教师：荣玥芳、张忠国　051

河南省南阳市社旗县古城区控制性详细规划

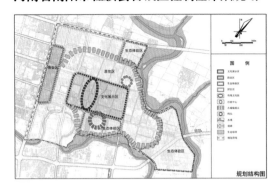

规划结构图

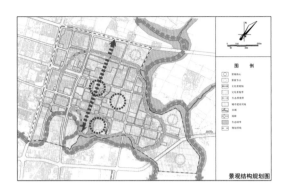

景观结构规划图

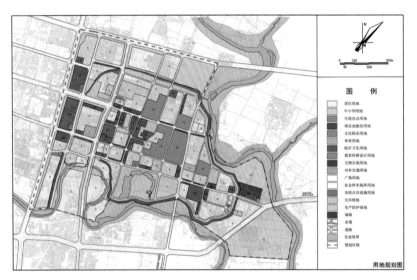

用地规划图

规划将整个规划范围概括为"一带四区三中心"的总体结构。"一带"是指环绕古城一周的古城墙展示带。"四区"指规划范围内的文化展示区、商业区、生态体验区以及居住区;"三中心"指分布在规划范围内的各个重要的中心区域,包括传统文化街、行政中心以及码头。

规划园区景观系统的布局结构为"一心一轴三带多点"。"一心"为文化景观保护核心区;"一轴"为贯穿整个片区的直线型传统文化景观轴线;"三带"为沿古城墙的集文化展示和生态绿化为一体的景观带,以及潘河和赵河两条沿河生态景观带;"多点"即规划的多个街头公园以及生态片区形成的景观节点。

道路交通规划图

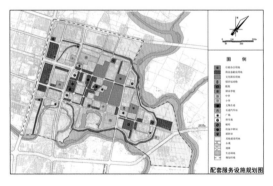

配套服务设施规划图

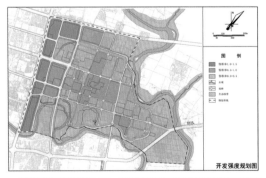

开发强度规划图

高度控制规划图

根据地块的容积率指标大小,规划将各类用地的建设强度分为三个等级:第一级为容积率1到1.5之间,主要为城市协调发展区内的商业用地及部分公共设施用地;第二级为容积率0.5至1之间,主要为建设控制地带内的低层住宅用地、行政办公用地及部分公共设施用地;第三级为容积率小于等于0.5,主要为核心保护区文物古迹以及自然环境控制区的生态保护绿地和耕地等。

规划范围内整体空间形态控制根据建筑高度划分为三个等级:第一等级建筑高度在9米到12米之间,主要为建设协调地带的公共设施用地以及低层住宅用地;第二等级建筑高度在7.5米到9米之间,主要为建设控制地带的低层住宅用地以及公共设施用地等;第三等级建筑高度在7.5米以下,主要为核心保护区内文物古迹及自然环境控制区内的建筑。

　学生姓名:石琳、任宏伟、章文靓、张思维、许言、刘德成、李潇、李迪希、杨玉龙、王天一、方舟　指导教师:荣玥芳、张忠国

河南省南阳市社旗县古城区控制性详细规划

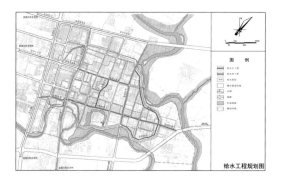

给水工程规划图

雨水工程规划图

污水工程规划图

电力工程规划图

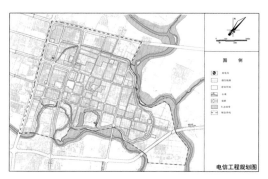

电信工程规划图

燃气工程规划图

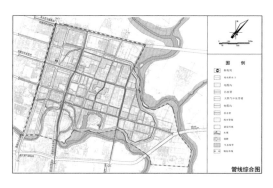

管线综合图

管线综合: 管线排布应满足管线与道路中心线相平行。工程管线在道路下面的平面位置宜相对固定。从道路规划红线向道路中心线方向平行布置的次序,应根据工程管线的性质、埋设深度确定。管道之间的平面距离必须符合GB 50289-98《城市工程管线综合规划规范》的要求。

环保环卫规划: 实现规划范围内环境保护规划目标,必须依靠环境保护工程性措施,包括城市基础设施建设工程、污染防治工程等。根据环保投资的约束、项目投资年限以及轻重缓急程度,工程性措施将分阶段实施。

综合防灾规划: 全面规划、综合治理、防治结合、以防为主;充分利用现有沟塘、自然河道、湖泊等天然水体,并适当调整,作为排水渠道;根据各水系结合地形采取分片排水的方式,各汇水区排水出口设置排水泵站,自流排水与泵站排水统筹使用。

环保环卫规划图

综合防灾规划图

学生姓名:石琳、任宏伟、章文靓、张思维、许言、刘德成、李潇、李迪希、杨玉龙、王天一、方舟　指导教师:荣玥芳、张忠国

河南省南阳市社旗县古城区控制性详细规划

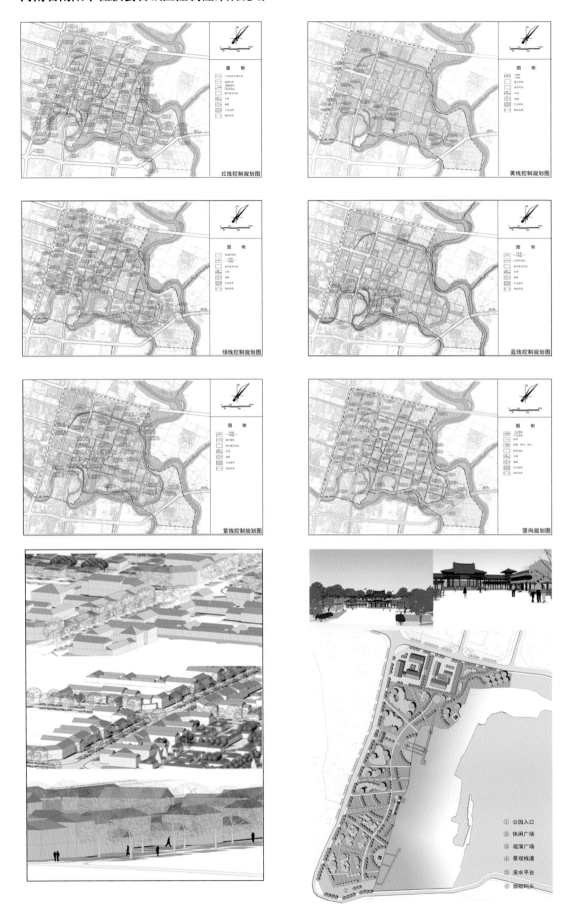

　学生姓名：石琳、任宏伟、章文靓、张思维、许言、刘德成、李潇、李迪希、杨玉龙、王天一、方舟　指导教师：荣玥芳、张忠国

河南省南阳市社旗县古城区控制性详细规划

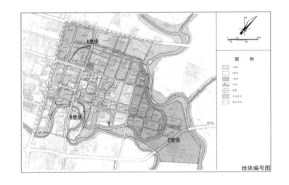

地块编号图

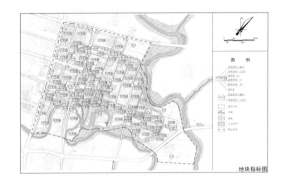

地块指标图

- **城市红线**

  红线：包括道路红线、停车场、广场用地红线。

  控制范围：规划范围内主干道、次干道、支路控制道路边线，城市广场、社会停车场及长途客运站的控制用地边线。

- **城市蓝线**

  蓝线：城市规划确定的江河、湖、水库、渠和湿地等城市地表水体保护和控制的地域界限。

  控制范围：规划区内主要为河流和湖泊，其控制均按规划用地范围控制。

- **城市绿线**

  绿线：包括城市公共绿地与防护绿地。

  控制范围：规划区内主要有公共绿地和防护绿地两类，其控制均按规划用地范围控制。

- **城市黄线**

  黄线：根据公交、供水、供电、电信、雨水污水、燃气、环卫、消防等市政设施的位置划定黄线范围，此外还包括高压走廊控制范围。

  控制范围：规划区内需控制的城市基础设施包括2处公交首末站、2处垃圾转运站、1处消防站。

- **城市紫线**

  紫线：包括国家历史文化名城内的历史文化街区和省、自治区、直辖市人民政府公布的历史文化街区的保护范围，以及历史文化街区外经县级以上人民政府公布保护的历史建筑的保护范围。

  控制范围：社旗县古城区内山陕会馆所在街区。

瓷器街平面图

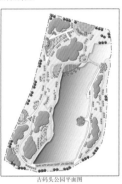

古码头公园平面图

古码头公园滨水廊道表现图

瓷器街效果图2

瓷器街鸟瞰图

古码头公园码头效果图

瓷器街效果图1

古码头公园入口广场效果图

学生姓名：石琳、任宏伟、章文靓、张思维、许言、刘德成、李潇、李迪希、杨玉龙、王天一、方舟　　指导教师：荣玥芳、张忠国

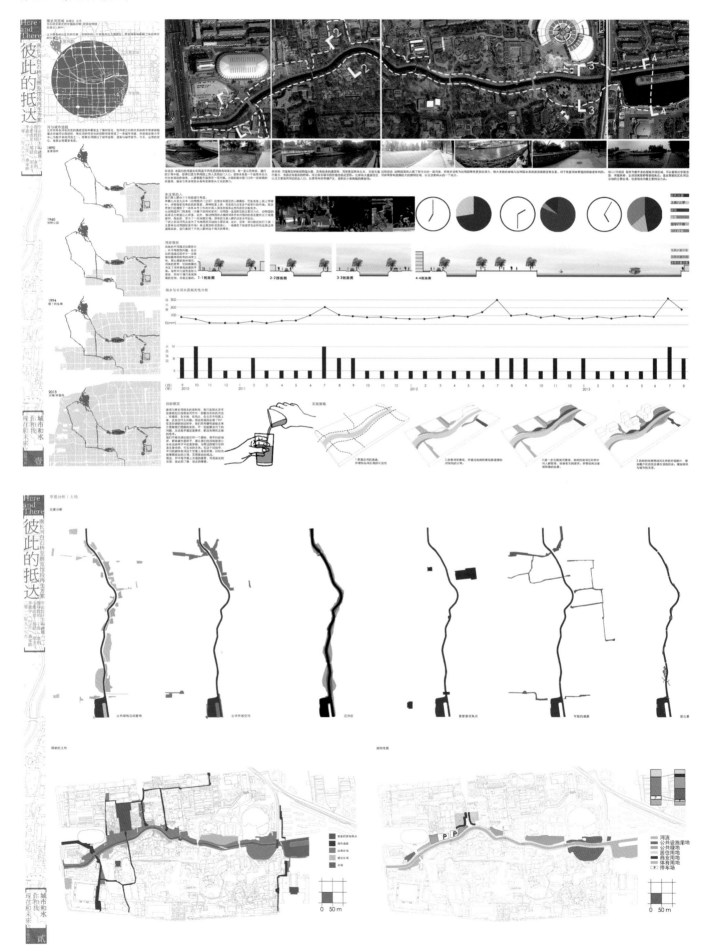

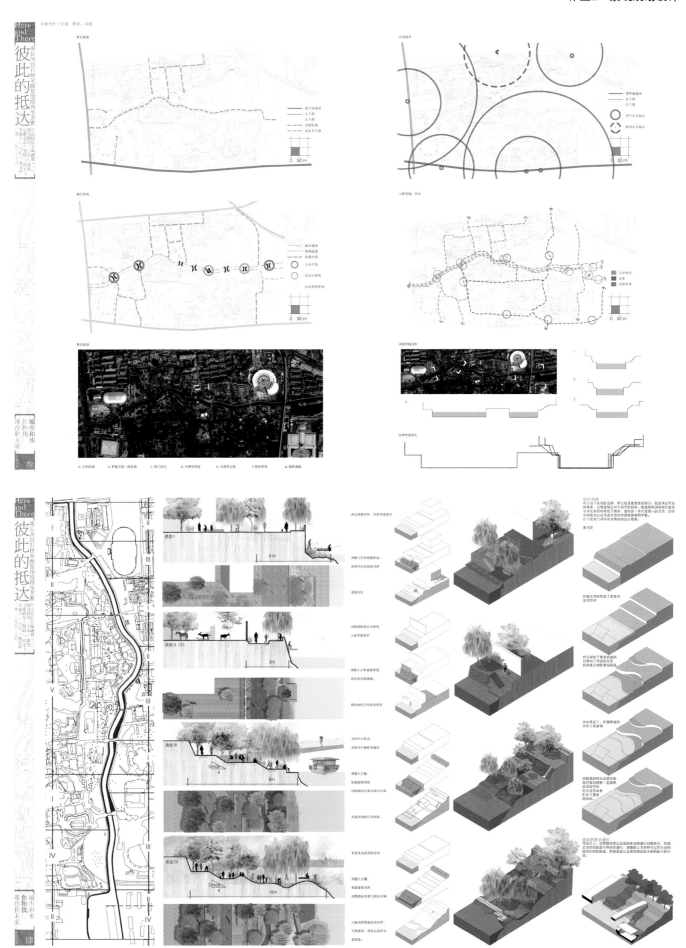

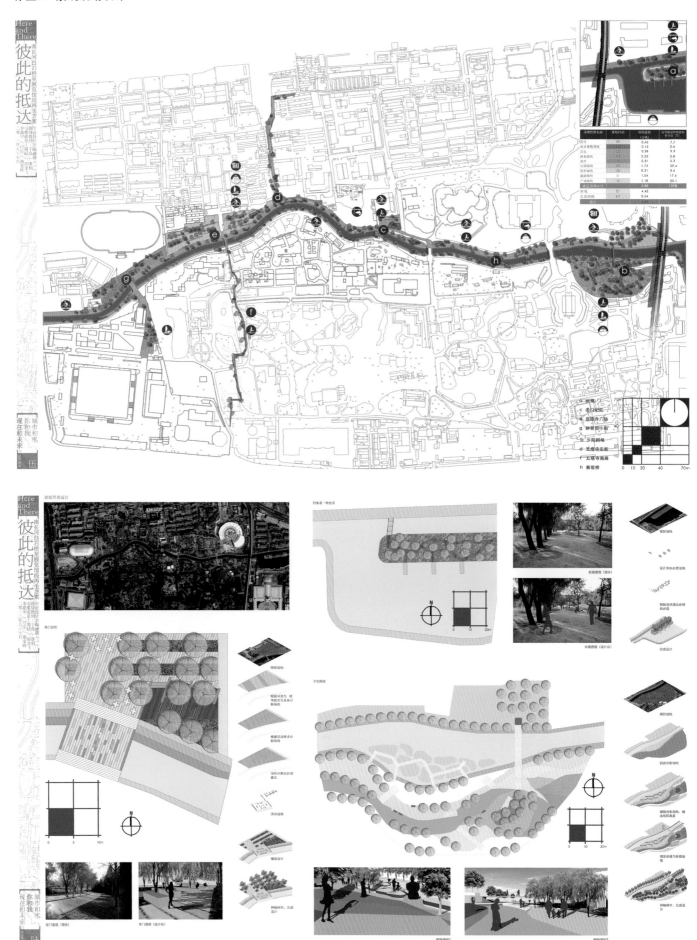

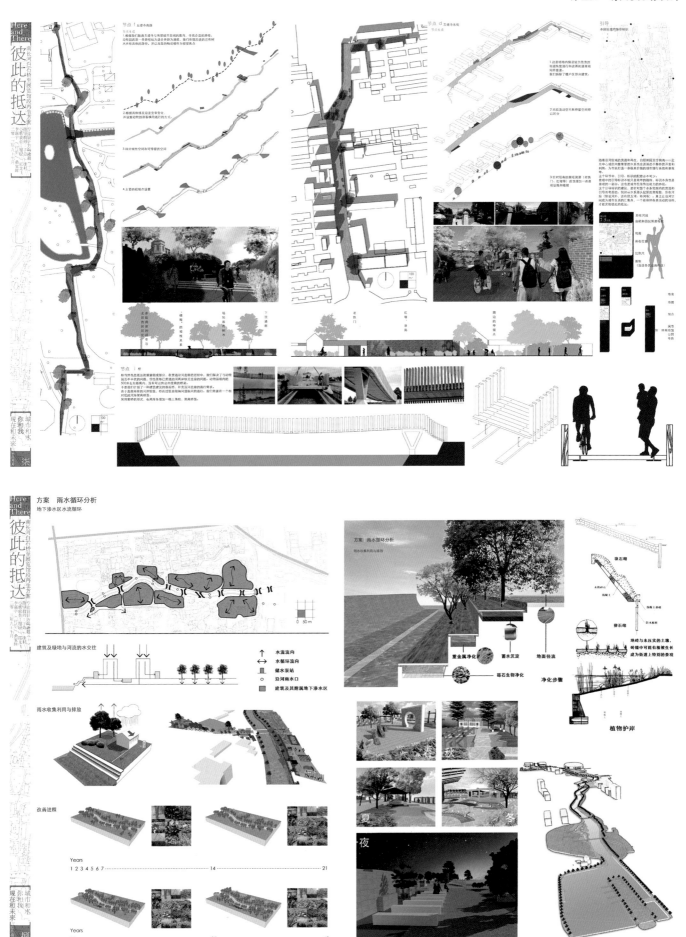

学生姓名：屈辰、邵龙飞、李嘉宇、付乐、桑家眸、张子瑜　　指导教师：丁奇、李利　　059

一、课程简介

有能力运用在先修课程中所学的专业基本理论、基本知识和基本技能，进行中小城市总体规划设计课题的编制与研究，掌握城市总体规划的基本理论和编制（研究）的基本程序与方法。有能力参与区域分析并编制城镇体系规划；有能力编制城市总体规划，并协调各专业规划。掌握城市总体规划编制的基本理论和方法。

二、课程基本要求

以班级为教学单位，选择中小城市总体规划课题，在城市总体规划选题方向上综合、深入地组织专业理论和编制（研究）教学。掌握城市总体规划的基本原理与方法；有能力绘制规划设计草图、现状分析图表、图解等，以表达规划意图；有能力参与编写规划设计文本、纲要、说明书，并有能力以书面和口头的方式较清晰准确地表达规划设计意图与各项建议；了解用专业软件进行现状及规划图纸绘制的基本知识，初步具有计算机操作的基本技能；为《毕业设计》等综合实践环节打下基础。

三、课程内容与方式

1. 单元一　总体规划

（1）掌握城市总体规划的基本理论；有能力进行城市总体规划（专项课题）相关文献（资料）的检索与综述；

（2）有能力参与区域分析及编制城镇体系规划；有能力组织制订城市总体规划（专项课题）方案编制（研究），协调各专业规划；

（3）掌握通过成果汇编、成果展示进行设计（研究）表达的基本技法；

（4）有能力参与编制与城市设计有关的规划项目和课题研究。

2. 单元二　城市设计（参加专指委城市设计竞赛）

（1）了解和掌握城市设计的基本概念、理论及一般设计程序和方法；

（2）掌握城市更新基本理论与分析方法；

（3）加深对城市设计和城市文化的理解，提高对城市文化遗产、历史遗存建筑及其周边环境的保护意识；

（4）鼓励特定历史文化背景下的城市设计理念创新，提高对城市建筑群整体空间形态和城市空间环境设计的把握能力；

（5）综合处理城市重点地区公共建筑群、道路交通组织、广场、绿地、环境小品及建筑立面等各项内容；

（6）了解城市设计与不同层面规划设计的衔接与协调；设计内容及深度、图纸表现均应达到规定要求。

河北省涿州市城乡总体规划

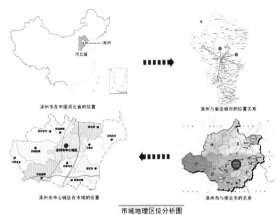

涿州市在中国河北省的位置

涿州与省会城市的位置关系

涿州市中心城区在市域的位置

涿州市与保定的关系

市域地理区位分析图

市域地理区位

涿州市位于河北省中部，北京市西南部，东经115°44′～116°15′，北纬为39°21′～39°36′。为首都北京的南大门，西邻涞水县，南连高碑店市，东接固安县，东北及北侧与北京市属大兴区及房山区毗邻。东西横距36.5公里，南北纵距25.5公里，面积742.5平方公里。由市中心南至河北省会石家庄210公里，至保定89公里，北穿至北京广安门42公里。市委、市政府驻地在城内范阳西路中段北侧。相邻各县边界线和相邻北京市的边界线约占一半，其中房山区则占43%。由涿州市政府驻地至房山区界9公里，至房山关25公里；至固安县界15公里，至固安城关30公里；至高碑店界13.5公里，至高碑店市区25公里；至涞水县界18公里，至涞水关25公里。京广铁路、107国道、京深高速公路纵贯全境，在环京津地区的城市中具有明显的区位优势。

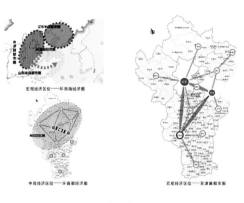

宏观经济区位——环渤海经济圈

宏观经济区位——京津冀都市圈

中观经济区位——环首都经济圈

市域经济区位分析图

区域经济区位

涿州市现辖3个街道办事处、5个建制镇、6个乡和1个开发区，全市共有30个居委会，409个行政村。2003年底全市总户数18.73万户，户籍总人口58.94万人，其中非农业人口18.97万，占总人口的32.19%。

2003年全市国内生产总值73.71亿元，按可比价格计算比上年增长10%，人均国内生产总值1.25万元。GDP中农业增加值为7.23亿元，工业增加为31.48亿元，第三产业增加值为35.0亿元；产业构成比例为10：43：47，属"三、二、一"的结构类型。由于城市中大量中直机关的存在，消费型经济特征明显，社会消费品零售总额达到27.23亿元，第三产业较为发达。2003年全市财政收入4.39亿元，同比增长8.56%。全社会固定资产投资为34.89亿元。城镇居民人均可支配收入7774元，农村居民人均纯收入3859元。

中国石油集团东方地球物理勘探有限责任公司先后在涿州修建了13个职工生活小区：物探2号院、平安D区、广安C区、广安B区、物探9号院、物探6号院、物探学校（物探学园小区）、物探7号院、物探5号院、物探4号院、物探3号院、物探1号院、物探8号院。院区总面积占涿州市区面积的三分之一之多，涿州因此是名副其实的"物探之城"。中石油物探队补生活区对提高涿州知名度、美誉度，提升城市品味，推进城市经济发展多年来一直发挥着重要作用。

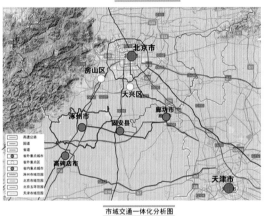

北京市　房山区　大兴区　涿州市　固安县　廊坊市　高碑店市　天津市

市域交通一体化分析图

市域交通一体化

涿州市位于北京市西南部，河北省中部，地处京、津、保三角地带，隶属于保定市。市区距北京天安门广场直线距离为55公里，毗邻北京大兴区、房山区，东南距天津150公里，南距保定80公里，区位优势得天独厚，地质构造属太行山山洪冲击扇，地势平坦，土质肥沃，拥有丰富的水利、地热和沙石料资源，古有"幽燕沃壤"，"督亢膏腴"之称。

京深高速公路扩建、旅游大道（影视城专用线和京都旅游廊）建成、涿密高速的建设、京广客运专线和京石城际铁路等城市发展的新因素，将极大地影响涿州市对外交通条件和城市空间的发展。无论是城市自身空间布局的变化，还是整体区位条件改善，以及与周边其他城市发展的协调互动关系，都将为涿州新一轮的城市发展创造契机。

市域城镇体系职能结构现状图

结构现状

近年涿州发展速度较快，经济结构不断优化，经济素质稳步提高。一产方面，依托北京市场，形成了一批绿色种养殖基地，培育壮大了润生、飞达、北方绿人和绿野等农业品牌；依托中国农业大学高科技产业园，高科技农业得到了一定发展。二产方面，航天信息、冶金新材料两大高新技术产业集群已经成为支撑涿州经济增长的重要力量；汽车零部件、新兴建材两大新型产业初具规模，具备进一步做大的潜力；机械加工业、铝制品加工业、包装印刷业三大传统产业集群已经在全国建立了一定的竞争优势，具备进一步做强的基础。三产方面，以物探数据处理为龙头的信息服务业具有较大的竞争优势，现代物流业和高端商务的发展潜力巨大。

市域综合交通现状图

市域人口现状

现状建成区人口占全市城镇总人口比重约为90%。考虑到涿州市中心发展潜力，城镇体系高首位度格局运用将有所缓解，城区人口占城镇人口的比重将会逐步下降，初步预计近期为80%，远期为55%左右。而通过预测，涿州市城镇总人口规模为：2015年达到55万人，2020年达到96万人，2030年达到175万人。中心城区人口规模预测为：2015年达到45万人，2020年达到70万人，2030年达到95万人。城市人口规模的确定是一个复杂的过程。不同的标准和预测方法得出不同的结论。城市人口规模只是城市发展的引导目标。

市域交通现状

作为首都的近郊城市，涿州市拥有区位交通优势，拥有北京的经济、产业、科技、人才、市场的辐射优势。但是，涿州市仅仅在旅游上承接了北京的客源，其他辐射优势均未有效地转化为涿州的发展动力和生产力，对外交通干道系统尚不完善；与市域各城镇的衔接不畅，城区道路干道功能分工不合理，路网密度仍不均匀，东西向的交通问题依然突出，停车场等交通设施不足。公共交通出行比例仅为5%左右，公交线网需优化，交通管理水平尚待提高。

河北省西南部石家庄、保定等城市发展带通过涿州联系北京、大兴京，并辐射其东北。在管道运输上，国家规划的南水北调、西气东输工程通过涿州。涿州市是河北省正在实施的"一线两翼""中间一线"与北京的关节点，是河北的重要窗口和联系纽带之一，在河北省具有承上启下的门户作用。

市域人口分布现状图

学生姓名：刘佳琦、李嘉宇、白晓静、柏云、付乐、桑家晔、赵紫含、唐轩、赵宇宁、巴拉吉尔　指导教师：孙立、苏毅

河北省涿州市城乡总体规划

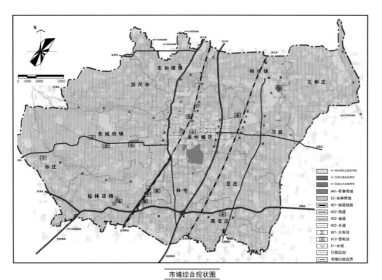

市域综合现状图

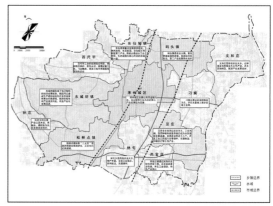

市域产业现状分析图

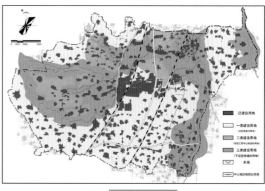

市域用地评价分析图

市域综合现状

涿州市区区位条件优越，接受北京的核心辐射。目前已形成央企、文化娱乐和军工三足鼎立的局面。在市域空间分布中，一大部分的科研单位、工矿及军事用地与北京相关联。其中一些企业还在涿州建立生活区，居住、工作并行，加强了京涿两地的产业及人员流动的密切性。

另外，还有较大比例的文化娱乐、休闲度假用地，主要是为北京服务的，包括高尔夫球场、影视基地、别墅等。涿州与北京直接关联的用地总量约5平方公里，除中心城区外，主要分布在乡镇，对各乡镇建设影响巨大。其用地总量约12平方公里，占乡镇城镇建设用地总量的53.69%。因此，涿州拥有与北京良好联系的基础，新背景下具有强力回归的可能。

市域产业现状

涿州市由早年的"二、三、一"型产业结构逐步转为现在的"三、二、一"型，总体表现为第三产业发展迅猛，第二产业实力雄厚，第一产业稳步提高。其中工业具备发展平台，但是层次尚待提升。目前涿州市的汽车零部件、机械加工业、铝制品加工业、包装印刷业传统支柱产业存在产业链条不长、产业集聚较低的现象，有待提升；航天信息、冶金新材料、新兴建材高新技术产业已初具规模；需要稳步发展壮大新兴产业园区。

涿州市第三产业中存在大量中央直属机构，呈现出科学研究、技术服务和能源勘查业在服务业中"一枝独大"的现象，而传统服务业中批发和零售业占有较大的比重，但是发展水平较低，距离现代型服务业的形成发展还有一定的差距。

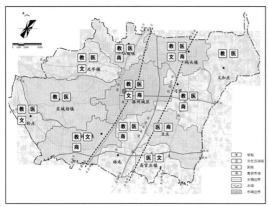

市域服务设施现状图

市域服务设施现状分析

涿州市共有15个乡镇，各自有其乡镇政府办公设施。行政办公用地包括党政政机关、司法机关、民主党派、事业单位等机构的办公设施用地。涿州市现有行政办公用地48.82公顷，占城市建设用地的1.43%。

涿州市的教育事业基本普及了九年制义务教育，初步形成了比较完善的中小学教育体系。总体上看，涿州市初等教育服务水平基本满足现有需求，随着城镇镇人口迅速增加，现有教育设施需要结合人口的分布和增长，选择合适的办学规模和服务半径，进一步提高教育设施建设水平。

现状医疗卫生设施用地24.18公顷。截至2009年底，共有各级各类医疗卫生机构843家，其中医院21家，疾控中心1所，乡镇卫生院11家，社区卫生服务中心4家，村卫生室745家，私人诊所、门诊62家。

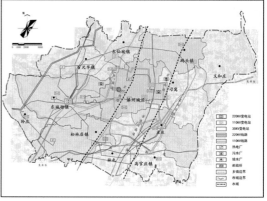

市域服务设施现状图

市域旅游资源现状分布图

市域旅游资源现状分析

涿州是省级历史文化名城，被誉为"三国文化"的发祥地、"天下第一州"，人文底蕴深厚，境内有国家级文物保护单位，包括永济桥、双塔、金门闸，以及一些重要历史文化资源如涿州古城、涿州八景等。涿州名人辈出，历史上的卢植、刘备、张飞、郦道元、慧能、赵匡胤等人皆出于此。

近年来，涿州旅游发展迅速，尤其休闲与影视文化产业特色突出。目前建设三个高尔夫球场。其中，东京都高尔夫球场为27洞国际标准，在京南地区影响显著。中央电视台涿州拍摄基地不仅是我国规模最大的一处影视拍摄和制作的场所，还是一处突显影视特色的新兴人文景点。影视基地已成为省内外知晓涿州的一个重要名片。

市域市政设施现状分析

电力：2010年涿州市全网最大负荷270MW，公司所属网供最大负荷231.15MW。目前我市电网拥有220kV变电站两座，容量540MVA，分别是涿州、豆庄220kV站，220kV系统容载比2.0；110kV变电站五座（不含直供站）。

燃气：涿州市市现状气源主要天然气和液化石油气。天然气经陕京一线长输管线送至现状门站。市域共有门站两座——涿州门站，位于林屯乡期店，占地0.5公顷，主要为涿州城区、松林店镇等；供气莲池门站，位于莲池村，占地0.4公顷，主要为开发区供气。

供热：热电联产供热，区域锅炉房，小锅炉供热，燃气供热。

电信：涿州市共有网通、移动、联通、电信四家基础电信运营企业，经营本地通信、长途通信、移动通信、数据通信、互联网、IP电话等基础电信业务。

排水：涿州市各乡镇均未建设污水处理厂，雨污水就近排入河道。

给水：涿州市市各乡镇现状水源主要为浅层地下水。全市地下水净储量为25.6亿立方米，年平均开采量18365万立方米。

河北省涿州市城乡总体规划

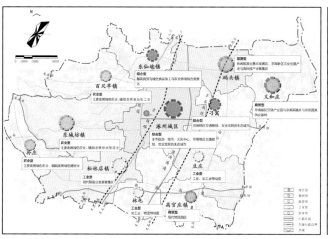

市域城镇体系职能结构规划

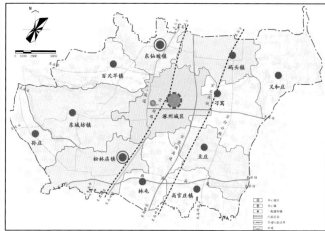

市域城镇体系等级规模结果规划图

涿州市市域城镇体系职能结构规划

历史上涿州的城镇分布格局的形成受到自然地理条件和农业经济的强烈制约，各乡镇依河沿路而立，按照成为农业地域中心的职能均匀布点，呈现以城区为中心，其他乡镇围绕城区呈环型均衡围绕分布的特点，城镇间职能相似，规模相近，彼此差异很小。

城镇职能规划的目的是引导各城镇发展特色产业，强调城镇之间的分工与协作，寻求相互沟通与发展。

规划将涿州市城镇等级调整为三个层次，即中心城区、两个中心镇（东仙坡镇、松林店镇）、九个一般建制镇（东城坊镇、义和庄镇、高官庄镇、码头镇、孙庄乡、林庄乡、林屯乡）。

现代化的公路、铁路交通的发展，极大地提高了涿州的出行和货物运输的时效性，对城镇分布格局的影响越来越明显。城镇沿主要交通走廊扩展，从而使彼此间的空间界限日趋模糊，尤其是城区南部的松林店—林屯已形成小城镇和村镇居民点发展的密集区。

城镇群体处于以城区单极核集中发展的阶段，南北部城镇体系的格局基本形成，表现出城区高度聚集的极核发展形式。由于历史积累和自身条件差异，南、北部城镇依托京广铁路、107国道沿线以及靠近北京的交通区位优势，乡镇整体发展水平高于城东部、西部的乡镇。

涿州市市域城镇体系等级规模结构规划

2010年涿州市建成区建设用地总面积为3517.39公顷，人均建设用地为145平方米，现状人均地指标较高。根据《河北省城镇体系规划（2004～2020）》以及《城市用地分类与规划建设用地标准》（GBJ137-90），本着节约土地的原则，规划涿州市中心城区人均建设用地标准近期控制在140平方米/人以内，中期控制在130平方米/人以内，远期控制在115平方米/人以内。结合城区人口规模预测，2015年中心城区用地规模控制在32平方公里内，2020年控制在35平方公里内，2030年控制在41平方公里内。

涿州北部与首都北京接壤，东侧即将建设首都第二机场，其城市发展动力主要源于北部与东部，由此，城市发展主要方向为向东向北。南部松林店镇有一定工业基础，廊涿高速带来的交通优势明显，应进一步优化发展。西部则主要为拒马河河道摆动区及地下水涵养区，因此应控制城镇发展。

城镇分布呈现平原地区围绕城区均衡分布的格局，城镇群体处于城区单极集中发展的阶段，南北部城镇发展水平高于东西部，交通建设对城镇布局的牵引作用越来越强。

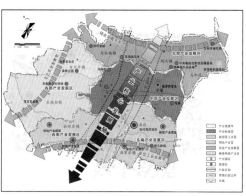

市域产业布局规划图

市域产业布局规划

到2009年末，涿州市已形成以机械加工、铝加工、包装印刷等多项传统优势产业共同发展的良好局面。2009年，涿州市百万规模以上工业企业中，传统优势产业企业占60%,工业总产值达到45亿元。到2009年末，涿州市机械加工企业超过150家，总资产大约40亿元,从业人员超过10000人。

主要产业涉及汽车及零配件、铝加工专用设备、机床、起重设备、锅炉、环保阀门和零部件加工等。

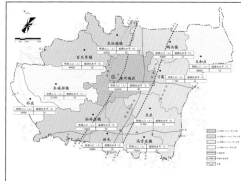

市域人口分布规划图

市域人口分布规划

涿州常住人口的年平均自然增长率为5.8‰,考虑到涿州未来经济的发展，以及首都经济圈、京涿新区对其的正向影响，未来涿州人口的常住人口将出现明显的增加，尤其是在临近北京的乡镇和村庄人口的聚集开始显现。考虑到未来产业兴起的时序以及人口集聚的过程，规划至2015年人口年平均增长率取3.0%;2020年,人口年平均增长率取3.5%;考虑到涿州需要兼顾生态涵养的功能，中远期至2030年,常住人口的年平均增长率取值为2.0%。

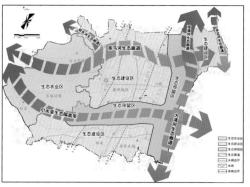

市域生态环境保护规划图

市域环境保护规划

通过合理布局，完善体系，构建一个生态要素保护全面、生态保育、生态恢复和生态建设并重的有机体系完整、管制分区明确、景观特色显著、管制策略清晰的、覆盖涿州全域的生态网络体系。藉以有效提升涿州市人居环境品质，促进城市集约、节约与可持续发展，为建设生态城市奠定基础。

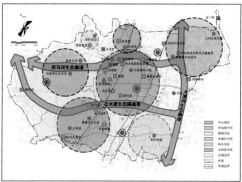

市域旅游历史规划图

市域旅游规划

将市域旅游规划分为旅游"分区-景区"两个层次。根据全市旅游资源类型及功能特色，形成以涿州中心城区为中心的五个旅游分区：北部旅游分区、东北部旅游分区、西部旅游分区、中心旅游服务分区和南部旅游分区。在各旅游分区中，重点建设的景区为"一城五区"。其中，涿州古城恢复工程，即以涿州中国名人城为文化主题，修复和恢复古城标志性建筑和景观。

学生姓名：刘佳琦、李嘉宇、白晓静、柏芸、付乐、桑家晔、赵紫含、唐轩、赵宇宁、巴拉吉尔　指导教师：孙立、苏毅

河北省涿州市城乡总体规划

综合交通规划

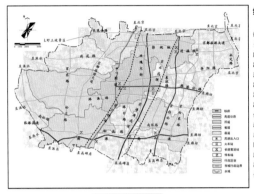

根据河北省高速公路建设规划，规划三条高速公路，分别为京港澳高速公路、廊涿高速公路及张涿高速公路，其中涿州高速公路是京港澳高速公路和廊涿高速公路，新增1条高速公路为张涿高速公路，京港澳高速公路连接北京、深圳，其中涿州段通车里程24.36公里，起始于北京界，终止于高碑店界，途径码头镇、涿州城区、高官庄镇及松林店镇。廊涿高速公路是涿密高速公路的一部分，连接廊坊、涿州，路线全长58.4公里。

市域综合交通规划图

市域轨道交通规划

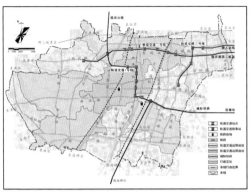

规划保留现状京广铁路和在建京石客运专线（高速铁路），京广铁路位于市域中部，南北走向，涿州火车站距北京津浦线220公里至222公里处，为客、货运三等站。京石高铁位于市域东侧，介于东环路和纵八路之间，连接北京与石家庄，市域内经过码头镇、中心城区及高官庄镇。高铁涿州站设在马路以南附近地点，未来京津冀地区城际客运铁路网北京—石家庄城际铁路将经由涿州城区，涿州与北京、石家庄的联系将大大加强。

市域轨道交通规划图

市域公共服务规划

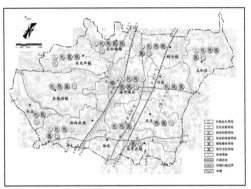

在现有设施基础上进行优化完善，对用地发展受限制的单位可在教科研区集中建设，在现状基础上对全市医疗卫生资源调整和合理配置，建立"市—片区（镇）—社区"三级体系，随着城市框架的拉大，现有的文化设施将不能满足居民文化娱乐需要，为形成具有本地特色的文化氛围，规划构建立1"市—片区（镇）—社区"三级体育设施布局体系。

市域公共服务设施规划图

市域市政量规划

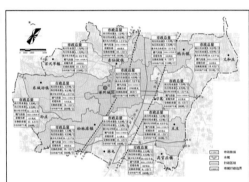

市政量完全依照法律法规、人口等相关信息构建现代化的生活，加强市政设施规划建设。

市域市政示意图

中心城区综合现状

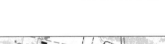
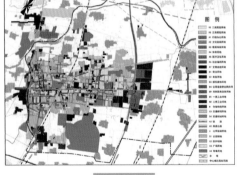

涿州市现状城区初步形成了较集中的城市布局和基本的城市功能。近年来，城市整体经济实力不断增强，城市对外交通条件的改善加强了与区域经济的融合。首都地区大范围空间内正在进行产业升级与重构。目前，涿州市在京广铁路两侧形成了以范阳路、东兴大街为"轴线"的紧凑中心城区。正在向东、向北发展，并在码头镇、东仙坡镇形成组团基础。至2010年，城市人口（主城区）发展至24.5万人，城市建成区面积已达35.17平方公里。

中心城区综合现状图

中心城区公服设施

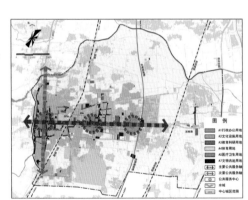

涿州市现状公共管理与公共服务设施用地面积298.58公顷，占现状城市建设用地8.38%，人均用地14.75平方米。

涿州市现状商业服务业设施用地面积289.36公顷，占现状城市建设用地的8.12%，人均用地14.29平方米。

成片的公共服务中心布置在老城区的范阳路和鼓楼大街两侧，东部新城区的范阳路、东兴大街两侧。

中心城区公共服务设施现状图

中心城区道路交通

涿州市中心城区范围内，有两条铁路经过，即京广铁路和京石高铁，已基本满足涿州市与其他地区以及北京的联系。

107国道以及京港澳高速从南到北贯穿涿州市市区，已能够满足涿州市与其他城市的连通。

现状涿州城市道路广场用地面积为242.5公顷，占城市建设面积的10.27%，人均道路广场用地面积为13.4平方米。现状城市道路基本上呈方格网状分布。

中心城区道路交通现状图

中心城区景观现状

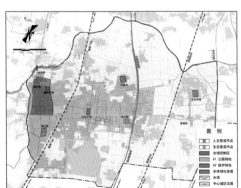

现状涿州城区绿地面积197.84公顷，公园绿地面积32.25公顷，防护绿地面积155.93公顷，广场面积9.66公顷，人均公共绿地9.77平方米。

涿州目前尚未形成完整的城市绿地系统和景观特色。涿州现状只有一处较大规模的公共绿地华阳公园，位于城市的东北角；现有一处大型市民文化广场（军民共建文化广场），其余均以街头绿地及小游园为主，人均公共绿地指标相对较低，绿地建设也不适应城市发展的速度，无法与之匹配。

中心城区景观现状图

学生姓名：刘佳琦、李嘉宇、白晓静、柏云、付乐、桑家眸、赵紫含、唐轩、赵宇宁、巴拉吉尔   指导教师：孙立、苏毅

河北省涿州市城乡总体规划

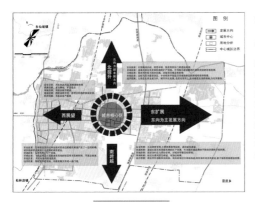

中心城区用地发展方向图

中心城区发展方向

城市市域发展方向：东扩南跨西望西展。

涿州北部与首都北京接壤，东侧即将建设首都第二机场，其城市发展动力主要源于北部与东部，由此，城市发展主要方向为向东向北南部松林店镇有一定工业基础，廊涿高速带来的交通优势明显，应进一步优化发展西部则主要为拒马河河道摆动区及地下水涵养区，因此应控制城镇发展。

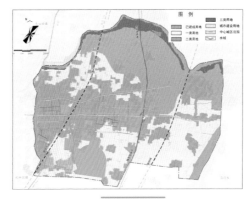

中心城区用地评价图

中心城区用地评价

按照行城市建设用地适用性评定要求，划分为以下三类工程地质区：

一类用地 适宜建设用地
中心城区现状建设用地，以及城区周边大面积的待建设用地。

二类用地 基本上建设用地
此类用地面积较小，散布在城区局部地带内，布局比较分散。

三类用地 不适宜建设用地
主要为城区周边的农田、部分成片的林地以及拒马河蓄洪区及周边防护领地。用地内植被覆盖情况较好，地形起伏较大。

中心城区空间管制规划图

中心城区空间规划

本规划将规划用地图范围划分为禁止建设区、限制建设区和适宜建设区三类：

禁止建设区
规划期内禁止建设区必须保持土地的规划用途，除国家和省的重点建设项目、管理设施外，严禁在禁止建设区内安排影响内原有功能的建设开发项目。

限制建设区
在总体规划中划定的，不宜安排开发项目的地区；确有进行建设的必要时应严格控制项目的规模和开发强度。

适宜建设区
禁止建设区、限制建设区以外的地区为适宜建设区。

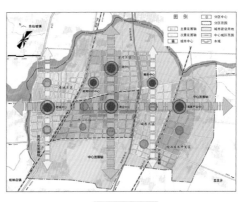

中心城区功能结构图

中心城区功能结构

根据城市发展方向和产业发展趋势的论证，因势利导，有机疏勒，有序发展，提高城市的生态环境质量，协调社会、经济发展与生态环境保护之间的矛盾，塑造生活环境优美、适宜居住的城市环境。

规划依托老城、开辟新区，构筑"两轴、六心、五片、多核"的城市布局结构。

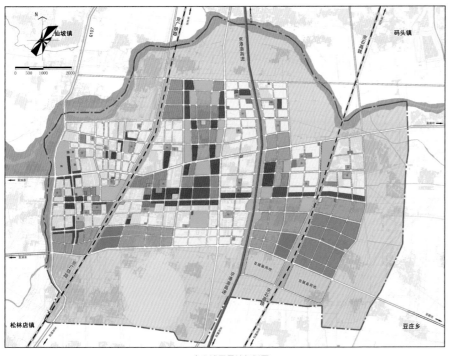

中心城区用地规划图

序号	用地代码		用地分类	用地面积（hm²）	占规划建设用地比例（%）	人均占地面积（㎡）
1	R		居住用地	1375.28	31.27	38.63
	其中	R2	二类居住用地	1375.28	21.27	38.63
2	A		公共管理与公共服务设施用地	471.57	10.72	13.21
	其中	A1	行政办公用地	80.70	1.83	2.26
		A2	文化设施用地	58.76	1.34	1.66
		A3	教育科研用地	142.66	3.24	4.03
		A33	中小学用地	105.98	2.41	2.99
		A4	体育用地	66.73	1.52	1.88
		A5	医疗卫生用地	5.38	0.12	0.15
		A6	社会福利用地	8.32	0.19	0.23
		A7	文物古迹用地	3.05	0.07	0.09
3	B		商业服务业设施用地	412.28	9.37	11.64
	其中	B1	商业用地	351.91	8.00	9.94
		B2	商务用地	39.06	0.89	1.10
		B3	娱乐康体用地	9.73	0.22	0.27
		B4	公用设施营业网点用地	5.72	0.13	0.16
		B9	其他服务设施用地	5.84	0.13	0.16
4	M		工业用地	763.19	17.35	21.55
	其中	M1	一类工业用地	514.11	11.69	14.51
		M2	二类工业用地	249.08	5.66	7.03
5	W		物流仓储用地	85.11	1.93	2.40
	其中	W1	一类物流仓储用地	37.60	0.85	1.06
6	S		道路与交通设施用地	425.54	9.67	12.01
	其中	S	道路与交通设施用地	13.55	0.31	0.38
		S1	城市道路用地	401.76	9.13	11.34
		S3	交通场站用地	10.23	0.23	0.29
7	U		公用设施用地	8.65	0.20	0.24
	其中	U1	供应设施用地	7.22	0.16	0.20
		U2	环境设施用地	1.42	0.03	0.04
8	G		绿地与广场用地	523.63	11.90	14.78
	其中	G1	公园绿地	307.46	6.99	8.68
		G2	防护绿地	210.06	4.78	5.93
		G3	广场用地	6.11	0.14	0.17
9	H41		军事用地	333.29	7.58	9.41
			城市建设用地	4398.54	100.00	124.18
10			城市发展用地	223.13		
11			水域和其他用地	4248.34		
			中心城区规划区用地范围	8870.01		

用地布局原则：

1. 积极融入京南新区，处理好城市与区域交通走廊的关系
2. 抓住中心城区成长发育的肌理与动因，形成功能分区明确的城市布局结构
3. 合理选择中心城区空间拓展方向，力争使城市以较小的投入，获得最大的经济和社会效益
4. 建立完善的公共设施和配套服务设施体系
5. 重视生态环境保护和绿地规划，为创建宜居和健康城市构建基础
6. 合理安排新区用地布局，协调好城市规模扩大后城市功能分区、道路交通及环境保护问诸多关系
7. 整合零散的工业用地和仓储用地，推进高新技术园区规划建设
8. 分析总结新版规划，在前版规划基础上进行合理调整和延续

图例

河北省涿州市城乡总体规划

中心城区道路规划

根据涿州城市的的布局形态特点，城市道路系统采用方格网和环路相结合的形式，并按各片区之间（城市环路）及片区内部（城市主、次干路）两个层次进行道路网布局。同时为加强各片区的交通联系，同时避免围绕交通穿越和分隔城市，规划形成城市内外环的路网骨架布局形式，包括过境交通性的外环系统和生活性的内环路系统。

中心城区道路系统规划图

中心城区公交系统规划

为了让城中居民在城中能够出行方便，将公交干线主要布置在生活性主干道和交通性主干道上，以满足居民日常工作、购物、娱乐的出行需求；公交支路主要布置在城市支路上，形成连通的公交网络。

同时，考虑到未来城市发展，城区中心人流、车流量都会逐渐增大，若将公交首末站设置在城区中心地带，将会影响交通，易造成拥堵，因此，将公交首末站设置在城郊，以缓解城区交通的压力。

为了方便人们日常出行换乘便捷与远程出行快捷，将公交枢纽设置在城区繁华地带。

中心城区公共交通系统规划图

中心城区轨道交通及BRT网络规划

为了加强与周边城市的联系，轨道交通主要服务于北京—涿州中心城区这条线路，以此带动人群流动，促进城区各项发展。

BRT线主要是沿着规划生活性干道横五路修建。横五路为中心城区主要公共服务性干道，因此人流较多，加强此条道路BRT线路建设，可以便于居民日常出行。BRT站点的建设也根据规划用地布局进行相应布置。

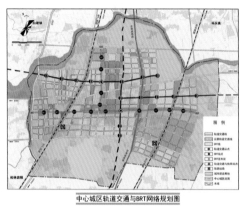

中心城区轨道交通与BRT网络规划图

中心城区道路横断面

如图所示

中心城区道路断面示意图

中心城区控制线规划

控制线范围内用地为强制性内容，必须严格控制，必须依据城市总体规划和有关规范进行建设，并应制定管制办法。

红线：城市主次干道的道路红线。

绿线：城市各类绿地范围的规划控制线。

黄线：城市基础设施用地的控制界限。

蓝线：河道控制导线及大型水体保护范围线。

紫线：包括历史文化街区和经市级以上人民政府公布保护的优秀历史建筑以及对文物保护单位保护范围的边界控制线。

中心城区控制线划定图

中心城区景观系统规划

强化生态环境的整体营造。充分利用与发扬良好的自然环境条件，把山、水、绿等自然景观要素引入城市，与城市建设融为一体。保护历史风貌，保持和完善历史形成的城市空间和景观特色，强化城市的文化特质。

构建自然景观核心——拒马河滨水景观风貌区和城市特色景观区，搞好宜林荒沟、荒滩绿化、铁路防护林、高速公路防护林的建设，完善农田林网、水系林网、道路林网的建设，从根本上改善区域生态环境。

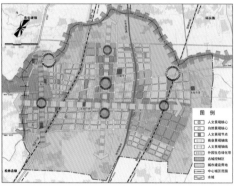

中心城区景观系统规划图

中心城区绿地系统规划

规划遵循"生态优先、以人为本"的原则和建设"生态园林城市"的规划目标，结合涿州中心城区的特点，规划具有自然生态效应的城市园林绿地系统。

规划在中心城区西北部建100～500米的绿色生态隔离屏障。

城市内部绿地布局规划依据涿州城区周围的自然环境条件，园林绿地采用点状、带状、楔状的外围开敞空间混合式布局手法，形成以普遍绿化为基础，道路和滨河绿带为骨架，城市公园为重点，点、线、面有机结合的城市绿地系统。

中心城区绿地系统规划图

中心城区远景建设规划

结合涿州城市发展现有状况、规划期内城市整体空间结构，提出涿州市远景城市发展思路和空间框架：以近期第二产业发展为基础，利用自身交通区位优势和用地建设条件，大力发展以高端商业金融、综合居住、旅游接待、文化产业为代表的现代服务业，提升城市生态环境品质，弘扬城市特色文化，提升涿州市在区域经济发展中的地位，作为环首都经济圈经济发展的呼应之势。

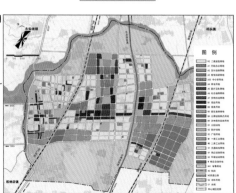

中心城区远景建设规划图

学生姓名：刘佳琦、李嘉宇、白晓静、柏云、付乐、桑家眸、赵紫含、唐轩、赵宇宁、巴拉吉尔　　指导教师：孙立、苏毅

河北省涿州市城乡总体规划

中心城区给水规划

南东水北调在涿州市中心城区分水口位于徐家庄东村东南处，根据输水需要，建设廊涿干渠至南水北调一水厂及二水厂的输水管线。由分水口直接取水，设置输水管道，管道沿10国道、机场南路向南水北调一水厂、二水厂铺设：规格为2×DN1000～2×DN1200毫米。输水能力达到16万立方米/日。规划对老城区完善供水管网，改造部分管径小、修建年代久的管道，增设与其他片区连通的供水干管，保证供水安全性。

中心城区给水工程规划图

中心城区污水规划

扩建城西、城东污水处理厂。污水处理厂出水水质达到《城镇污水处理厂综合排放标准（GB18918-2002）》一级A标准，同时新建再生水厂，涿州市区地面高程34～25m之间。目前排水管网绝大部分都是雨污合流。管网分两个区域排出。一是铁路以西排水（含5座铁路立交桥排水），日常污水通过107东侧截流干管经污水处理厂处理后排入拒马河，雨水分别从10个排水出口排入挏马河。二是铁路以东排水，污水、雨水分别经过华阳路、范阳路汇集到朝阳路经南干渠。

中心城区污水工程规划图

中心城区雨水规划

涿州市目前建有两座区域排水泵站。一座位于华阳中路与平安北街交叉口处，另一座位于开发区朝阳路与腾飞大街交叉处，两座泵站能够满足目前排水的要求。涿州市目前已建成两座污水处理厂，分别位于西区和东区。污水处理采用CASS工艺。出水水质满足《城镇污水处理厂污染物排放标准》（GB18918-2002）一级B标准。新建再生水厂，污水处理厂出水作为再生水厂水源。

中心城区雨水工程规划图

中心城区供热规划

中心城区近期主要采用集中燃煤锅炉房为主供热方式，取缔小锅炉房供热，远期随着经济技术水平的提高以及环境改善，可以考虑城东、城东污水厂周边的区域利用污水源泵供热方式。其他区域采用集中锅炉房供热的城市供热体系。

规划中心城区近期共新建锅炉房6座，远期再新建锅炉房3座，每座规模为2×175MW，占地均为5公顷。保留服务中心锅炉房、平安小区锅炉房作为调峰锅炉房。

中心城区供热工程规划图

中心城区电力规划

采用双电源或电源双回路供电方式，建设110kV单环网供电模式。增强电网的供电能力，满足"N-1"供电规则。

规划对于涿县变、习窝变、塔上变、安泰变进行扩容。变电容量分别为3×50MVA、2×50+40MVA、3×63MVA、3×50MVA。规划2015年新建110千伏变电站两座，2030年再新建三座，新建110千伏变电站五座，变电容量为3×50MVA，每座占地0.5公顷，服务半径30千米。逐步取消城区内35kV电压等级。

中心城区电力工程规划图

中心城区燃气规划

规划扩建城南门站，建设储罐，增加长输管线输气压力。同时规划开辟第二天然气供气气源。北京房山至天津武清天然气管线由城北通过，由位于城北莲池的阀井接管，兼顾工业用气及居民生活用气，确保城区气源安全、稳定。

为确保供气安全可靠、气压稳定，燃气管网布置采用环状为主、环枝结合的方式。燃气管道尽量避免布置在快车道下，一般布置在人行道或慢车道下，在个别狭窄道路，可考虑布置在绿化带内。

中心城区燃气工程规划图

中心城区电信规划

新建固定电话、移动通信、数据传输、有线电视、交通信号等信息线路均采用地下管道敷设方式。信息管道采用集约化建设方式，实行"统一规划、统一建设、统一管理"的原则。

规划保留城市现状市邮政局、交换局，新建邮政局按照服务人口2万人标准设置，每个建筑面积约300平方米。

为了方便使市民用邮，在主干路及入口集中处设置邮简。企事业单位、居民住宅应设置邮件接收设施。

中心城区电信工程规划图

中心城区环卫及综合防灾规划

加强北拒马河防洪堤建设，加高修建北拒马河支右堤，北拒马河北、东防洪堤，防洪标准按100年一遇。

城市的出入口数量应不少于8个，作为城市疏散救援通道的城市干道间距不应大于500米。

将快速路及区域性城市主干路作为一级消防通道，将城市主干道作为二级消防通道，将消防责任区内部道路作为三级消防通道。

中心城区环卫及综合防灾规划图

学生姓名：刘佳琦、李嘉宇、白晓静、柏云、付乐、桑家眸、赵紫含、唐轩、赵宇宁、巴拉吉尔　　指导教师：孙立、苏毅

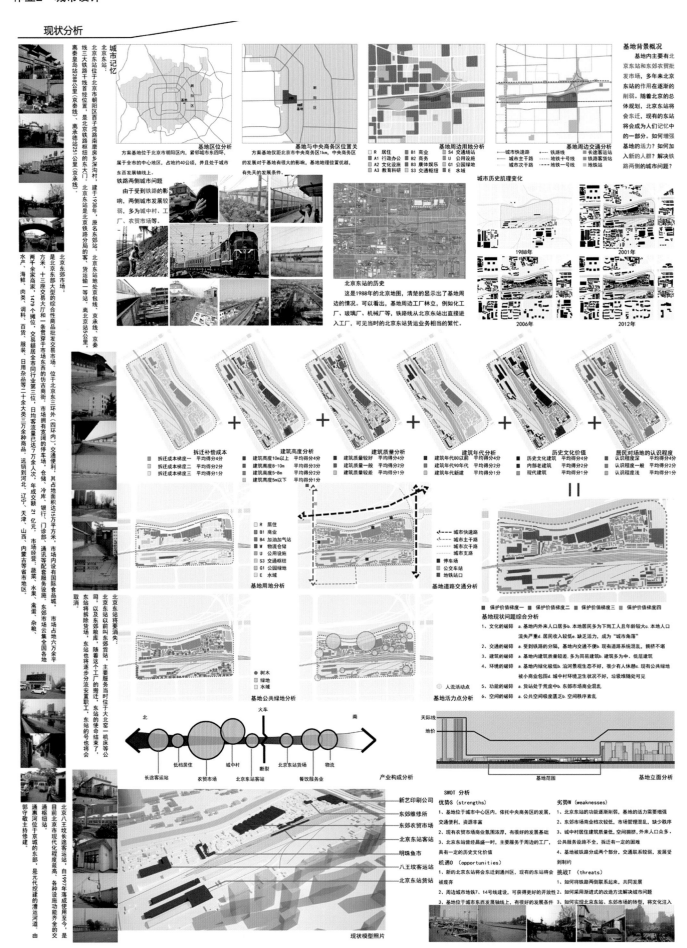

学生姓名：王哲、朱庚鑫　指导教师：范霄鹏、苏毅、孙立（2012年全国高等学校城市规划专指委城市设计竞赛优秀奖）

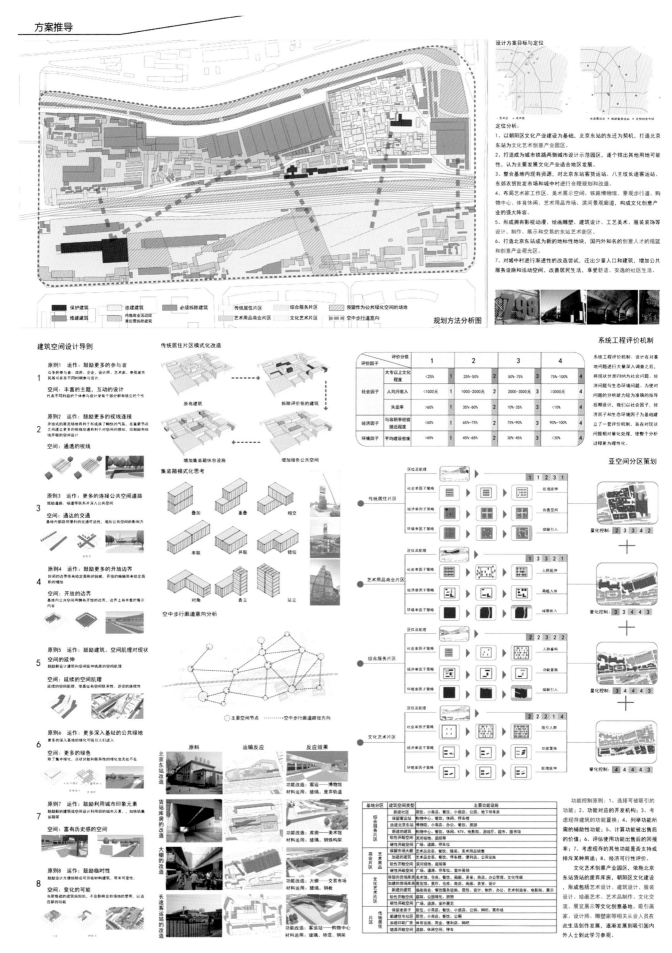

平面分析

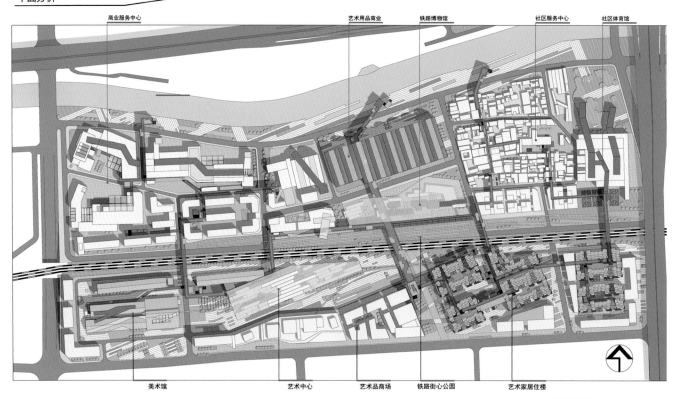

总平面图　1：2000

商业服务中心　艺术用品商业　铁路博物馆　社区服务中心　社区体育馆

美术馆　艺术中心　艺术品商场　铁路街心公园　艺术家居住楼

设计说明

　　基地过去为深沟村，基址内有东站客货运站。基地周边曾经工厂林立，例如化工厂、玻璃厂、机床厂等等，各种货物经铁路从东站出直接进入工厂，可见当时东站货运业务相当繁忙，为周边居住的人提供了就业机会。但随着工厂的逐步迁出，东站货运站也逐渐淡出了人们的生活。后来建立的东郊农贸市场虽然为基地添加了活力，但并未与周边的居民产生良好的交互，也与周边的地块格格不入。和大部分铁道周边区域相同，地块同样面临交通不畅、城中村顽固、居民收入、居住质量低下等诸多问题。随着东站的迁出基地又迎来了发展的契机。我们通过修缮建筑，改善、增加公共空间、公共设施，假设步行桥梁，和改变一部分农贸市场、货站的用地性质等手法来解决地块的诸多问题。

技术经济指标

基地总用地面积：39.26公顷　　B1商业面积：5.99公顷　　G1公园绿地：10.06公顷　　总建筑面积：42.39公顷
R 居住面积：5.59公顷　　S1道路面积：3.19公顷　　G3广场面积：4.91公顷　　容 积 率：1.07
A2文化娱乐：5.96公顷　　S3交通枢纽：1.58公顷　　保留建筑面积：13.70公顷　　绿 化 率：26%
A4体育设施：1.07公顷　　U 公用设施：0.80公顷　　新建建筑面积：28.69公顷　　建筑密度：39%

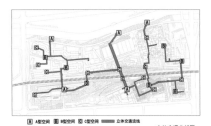

Ａ A型空间　Ｂ B型空间　Ｃ C型空间　━ 立体交通流线　　　立体交通分析图

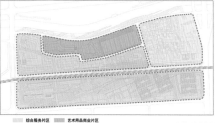

综合服务片区　艺术用品商业片区　文化艺术片区　传统居住片区　　　基地结构模式图

公共绿化体系　景观节点　景观廊道　　　绿地系统规划图

基本停留空间单元

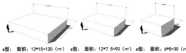

a型：面积：12*15=120（㎡）　a型：面积：12*7.5=90（㎡）　a型：面积：6*5=30（㎡）

空间类型	空间形式	空间效果
A	面积：120-240㎡ 组合方式：2a、a+b、a 适用空间：跨越主要出入口	
B	面积：90-180㎡ 组合方式：2b、b+c、b 适用空间：重要停留节点、次要跨越出入口	
C	面积：30-60㎡ 组合方式：2c、c 适用空间：跨越停留节点、转角停留空间	

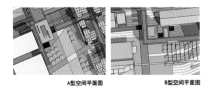

A型空间平面图　　B型空间平面图

城市道路　车行消防通道　停车楼入口　交通立体交叉口
主要车行道　地下停车场入口　地上停车场楼入口　交通立体交叉规划图
　　　　　　　　　　　　　　　　　　　　　　　车行系统规划图

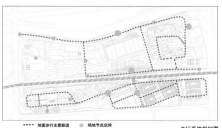

⋯⋯ 地面步行主要廊道　　场地节点空间　　　步行系统规划图

保留建筑　新增建筑　　　新旧建筑肌理关系

建筑高度5m以下　建筑高度8-10m
建筑高度5-8m　建筑高度10m以上　　　建筑高度规划图

　学生姓名：王哲、朱庚鑫　指导教师：范霄鹏、苏毅、孙立（2012年全国高等学校城市规划专指委城市设计竞赛优秀奖）

详细设计

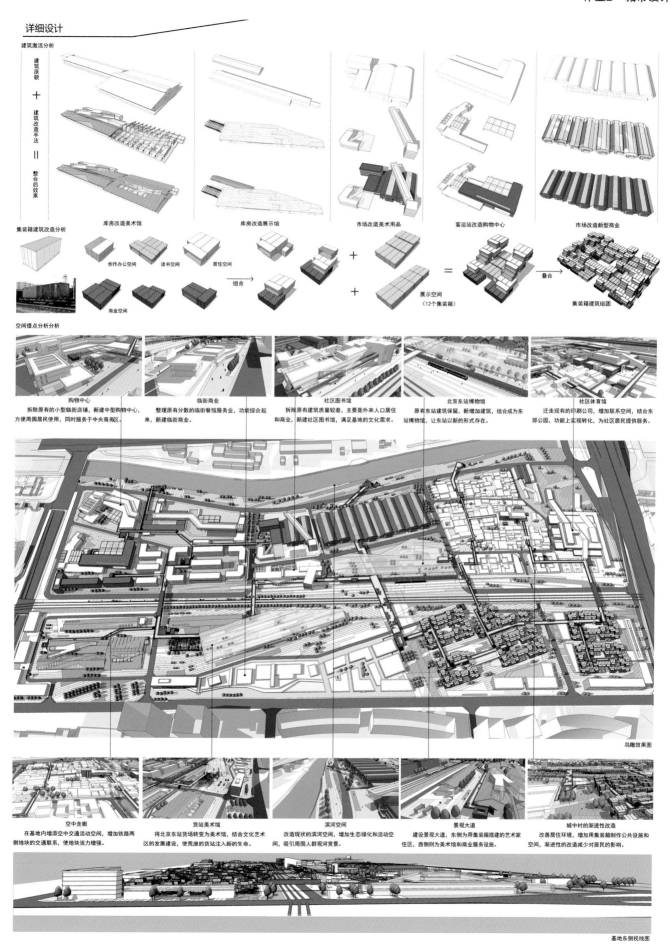

建筑激活分析

建筑原貌 + 建筑改造手法 = 整合后效果

库房改造美术馆　　库房改造展示馆　　市场改造美术用品　　客运站改造购物中心　　市场改造新型商业

集装箱建筑改造分析

创作办公空间　读书空间　居住空间

组合

商业空间

展示空间
（12个集装箱）

叠合

集装箱建筑组团

空间借点分析分析

购物中心
拆除原有的小型临街店铺，新建中型购物中心，方便周围居民使用，同时服务于中央商务区。

临街商业
整理原有分散的临街餐馆服务业，功能综合起来，新建临街商业。

社区图书馆
拆除原有建筑质量较差，主要为外来人口居住和商业，新建社区图书馆，满足基地的文化需求。

北京东站博物馆
原有东站建筑保留，新增加建筑，组合成为东站博物馆，让东站以新的形式存在。

社区体育馆
迁走现有的印刷公司，增加联络空间，结合东郊公园，功能上实现转化，为社区居民提供服务。

鸟瞰效果图

空中走廊
在基地内增添空中交通活动空间，增加铁路两侧地块的交通联系，使地块活力增强。

货站美术馆
将北京东站货站转变为美术馆，结合文化艺术区的发展建设，使荒废的货站注入新的生命。

滨河空间
改造现状的滨河空间，增加生态绿化和活动空间，吸引周围人群观河赏景。

景观大道
建设景观大道，东侧为用集装箱搭建的艺术家住区，西侧则为美术馆和商业服务设施。

城中村的渐进性改造
改善居住环境，增加用集装箱制作公共设施和空间，渐进性的改造减少对居民的影响。

基地东侧视线图

学生姓名：王哲、朱庚鑫　指导教师：范霄鹏、苏毅、孙立（2012年全国高等学校城市规划专指委城市设计竞赛优秀奖）

倏忽而过
李家山村改造设计

戏台广场
采用本土建筑形式做房身的戏台会道，内侧舞台可表演戏剧，台前即梁可围成不同悬线电影幕布、皮影基布和条幅等上域地改造成观众席，利用丰富人的观看、利用滑梯给场地与起斜面小学起梯系，整个区从起40米左方活动中心还可以放养尚险给滑作级，红不等。形成乡土的生态景观，这基基线为象土示沟、回土为岩板木固定，同时景具座椅作用，走遣为条石铺设。

里山公园
综合信息的李家村建筑布局的分区。选取李家山村的中心地形利用滑梯和坡构的，几个滑梯将村民和游客汇集到这里，在这里变交设需求。中部的水景系有清流和集水的功能。该空网包括两个滑梯出口休息娱乐客房一间，和村民咖啡室一间。

ROLLING HOUSE
综合李家山村的地形理念。在建筑形态和结构和上力求打破传统。形成能等满足现代年级旅行者审美与使用的新空间。方案主面从建筑的形式和空间的加入。最终造别形式与功能的统一，建立一种新的山电居住形式。建筑的灵感来自于绑石，倾斜的墙体从山面滚下的新型微理，以砖石为灵感、风格与周围环境相错适。

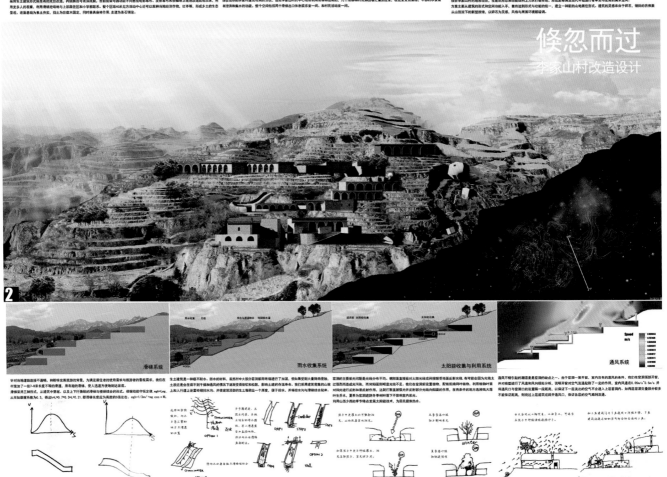

倏忽而过
李家山村改造设计

滑梯系统　　　　　**雨水收集系统**　　　**太阳能收集与利用系统**　　**通风系统**

针对待地地遵道理连不通畅，利明待定居住者的使用需求与旅游者的象需求，我们在村里盖上一拉不长度不等的滑梯。原布相的遵维，公众遇为便地到达客便。滑梯设而正3米时，从遵梯中步度。以及上下下基线的滑梯与楼梯组合的形式，根据结组字恒立景高度的函数L=g从用如度系为0.3，得出ML740,3nl,M.21,即滑梯长度宜为高度的5倍左右。

生土建筑是一种较不吸水、防水的材料，是防村中大部分窖洞都用转墙进行了加固，但如果受到大量降雨雨侵蚀，土流还是会在堆不到不雨难过角的情况下速使受到电轮起。我们在室洞前设置遮棚，配做线棚的情侣，利用锦棚的有效宽度遮日室夏季与房顶的生态作用，达到灯影室阻碍光在反射部分光临两阳起的作用，在夏条件的起的处为选种高大落叶生乔末，夏季与季问时春书中道下不影响度内光临。利用山岭小雨的季节情态宝夏大阳能给水，为居民提供热水。

通风不喇引起的潮湿是客洞的缺点之一，由于窖洞一面开窗、室内没有的通风的条件，我们改变窖洞部开窗，并对墙壁进行了风速测风向模型分析，说明开窗对空气流通起到事了一定的作用。室内风道在0.05m/s~0.6m/s并将通风口的室窗的的较黑一段高度，以保证下一些法出的空气不会速人上层室内场，如两层都能通风，保证备起的气温给风流息。

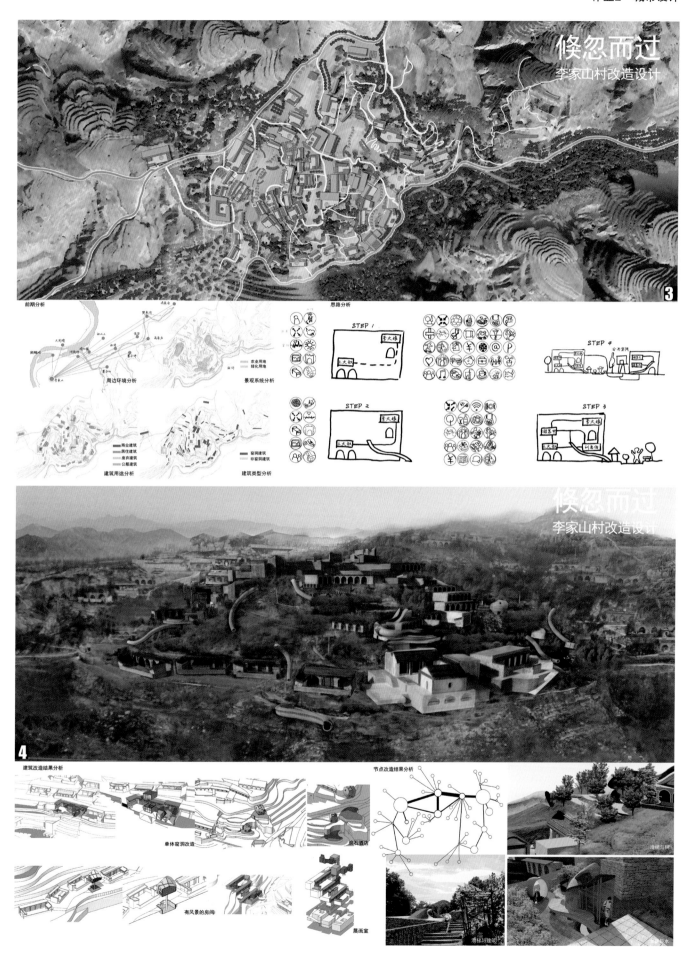

候忽而过
李家山村改造设计

前期分析

周边环境分析

景观系统分析

建筑用途分析

建筑类型分析

思路分析

候忽而过
李家山村改造设计

建筑改造结果分析

单体窑洞改造

有风景的房间

展画室

节点改造结果分析

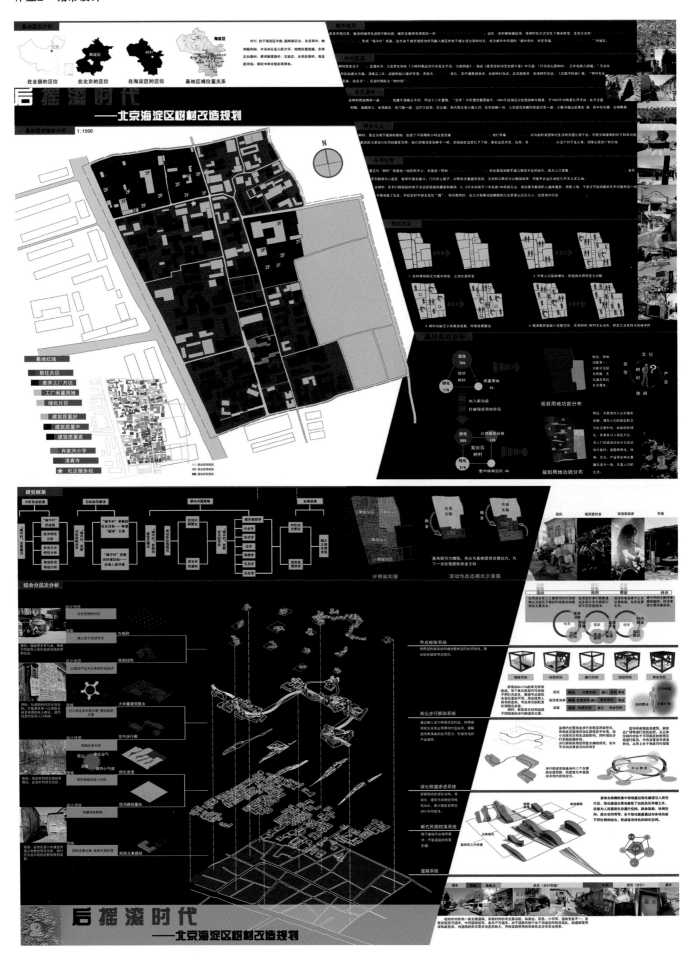

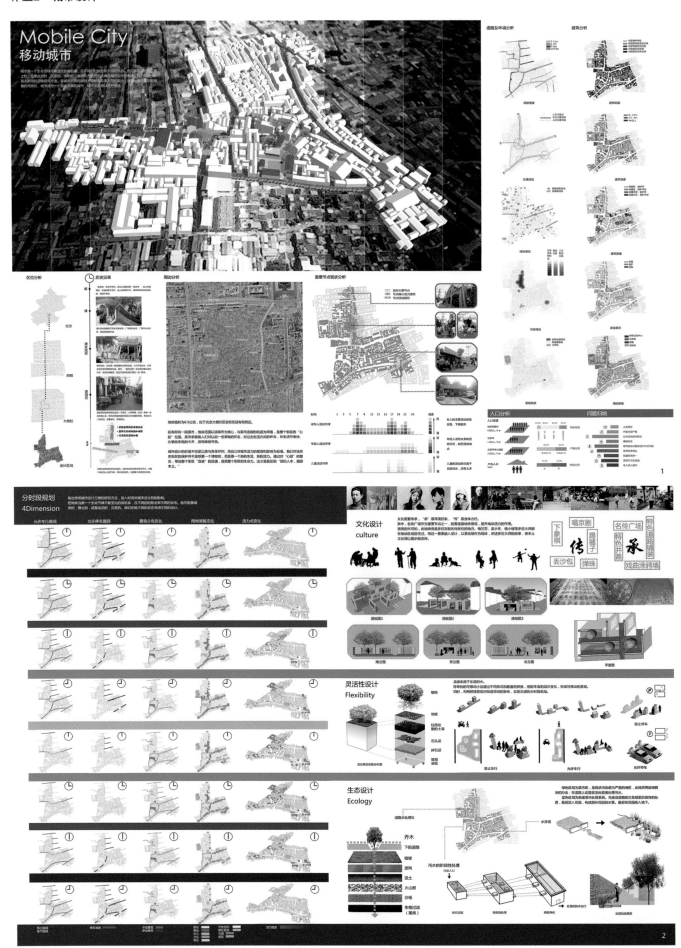

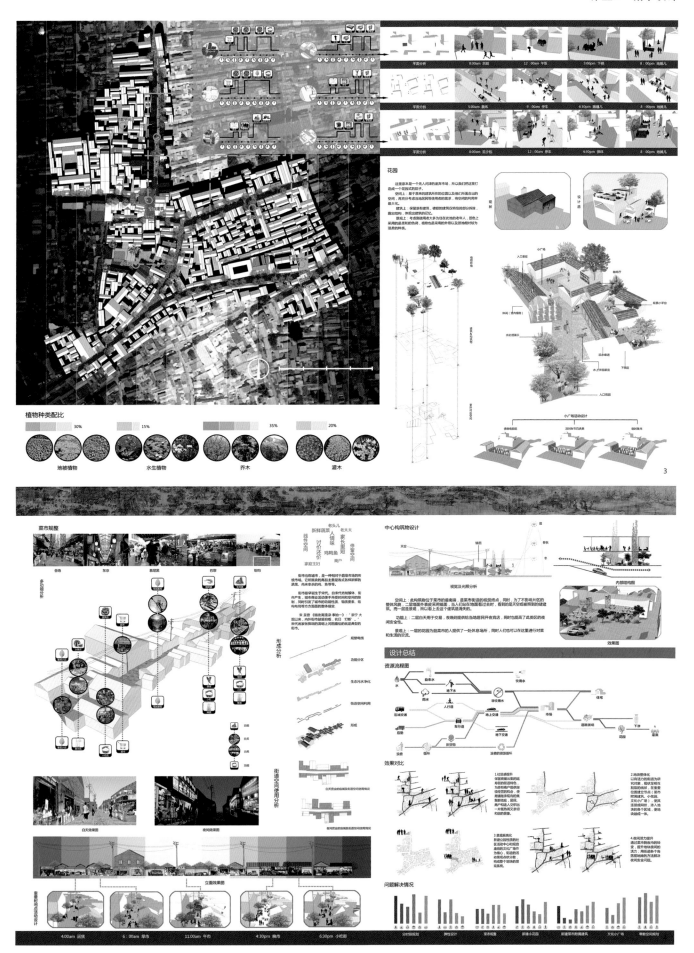

一、课程简介

巩固和检验已修订《2009版城市规划专业（本科）培养计划》中第一～第四学年内各课群规定学分课程的学习成果；通过在城市规划设计院的实践环节，了解城市规划设计前期策划、方案设计、实施设计文件编制等各个阶段的工作内容、要求及其相互关系；了解规划设计过程中各专业协作的工作方法，初步具有综合协调的能力。

二、课程基本要求

在城市规划设计院实习期间，参加城市规划专业各设计阶段的业务工作，其中重点为编制规划实施设计文件，并能参加各专业工种间配合、汇总的实践工作。

三、课程内容与方式

1. 单元一　落实实习单位
（1）教学目标：指导落实实习单位；
（2）教学课题：落实实习单位；
（3）教学方式：讲授、辅导、答疑等；

2. 单元二　城市规划设计院实习（一）
（1）教学目标：了解城市规划专业各设计阶段的业务工作；了解城市规划设计从前期策划、方案设计到实施设计文件编制等各个阶段的工作内容、要求及其相互关系；
（2）教学课题：城市规划设计院实习（一）；
（3）教学方式：实习与规划师指导。

3. 单元三　中期检查（一）
（1）教学目标：检查与总结城市规划设计院实习(一)阶段的工作；
（2）教学课题：中期检查（一）；
（3）教学方式：答辩、展示与观摩、讨论、讲评、答疑等（学生回校或教师到城市规划设计院）。

4. 单元四　城市规划设计院实习（二）
（1）教学目标：了解城市规划专业各设计阶段的业务工作；了解城市规划设计从前期策划、方案设计到实施设计文件编制等各个阶段的工作内容、要求及其相互关系；了解规划设计过程中各专业协作的工作方法；
（2）教学课题：城市规划设计院实习（二）；
（3）教学方式：实习与规划师指导。

5. 单元五　中期检查（二）
（1）教学目标：检查与总结城市规划设计院实习(二)阶段的工作；
（2）教学课题：中期检查（二）；
（3）教学方式：答辩、展示与观摩、讨论、讲评、答疑等（学生回校或教师到城市规划设计院）。

6. 单元六　城市规划设计院实习（三）
（1）教学目标：了解城市规划专业各设计阶段的业务工作；了解城市规划设计从前期策划、方案设计到实施设计文件编制等各上阶段的设计内容、要求及其相互关系；了解规划设计过程中各专业协作的工作方法，初步具有综合协调的能力；
（2）教学课题：城市规划设计院实习（三）；
（3）教学方式：实习与规划师指导。

规划师业务实习 中国城市规划设计研究院实习成果

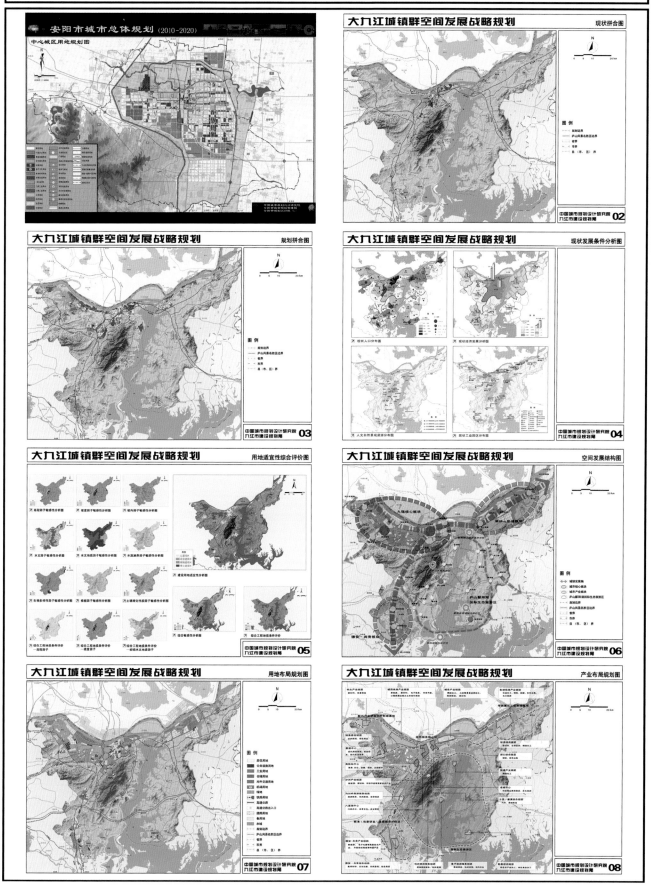

规划师业务实习 中国城市规划设计研究院实习成果

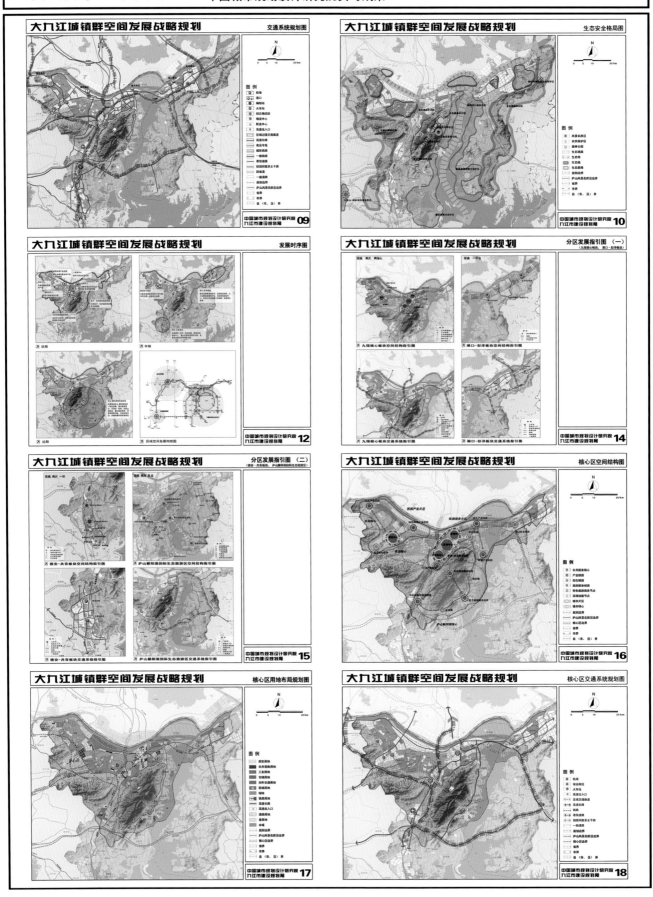

一、课程简介

1. 目的

通过毕业设计达到综合运用前四年半所学的专业理论和专业设计技能，运用专业调查、设计与实践方法，在原有基础上进一步培养和提高毕业生的社会调查能力、资料分析及问题研究能力、方案设计能力、协同工作能力，以及文字、图纸、口头表达能力，充实并完善毕业生的整体知识结构和能力结构。

2. 任务

综合运用所学知识和技能，进行专业调研，独立完成一项符合综合选题方向要求的综合设计任务。

二、课程基本要求

毕业设计选题应以实际问题为主，或结合实际设计项目"真题假做"，或科研类课题，在教学基本目标的指导下，制定具体的毕业设计任务书，包括题目、学生人数与姓名、教学要求、教学内容、毕业设计成果、教学进度、参考资料和考核办法。

城市规划专业《毕业设计》综合专业选题方向包括：城镇规划、城市设计、景观规划与设计等。

三、课程内容与方式

毕业设计指导实行导师制，指导教师对学生的毕业设计全面负责，编写设计任务书、指导书，安排学生完成资料检索、毕业实习调研、毕业设计、答辩等相关环节。整个毕业设计期间以培养学生综合运用所学知识解决问题的能力为主，遇具体设计问题，以学生自主学习为主。教师定期答疑检查进度，中期集中检查，毕业设计完成后组织集体答辩。

第十章
毕业设计

课程介绍

苏州 · 南门 · 都市生态流
URBAN ECOLOGICAL FLOWS

苏州苏纶场及周边地区城市设计
The urban design of Sulunchang and the surrounding areas

1

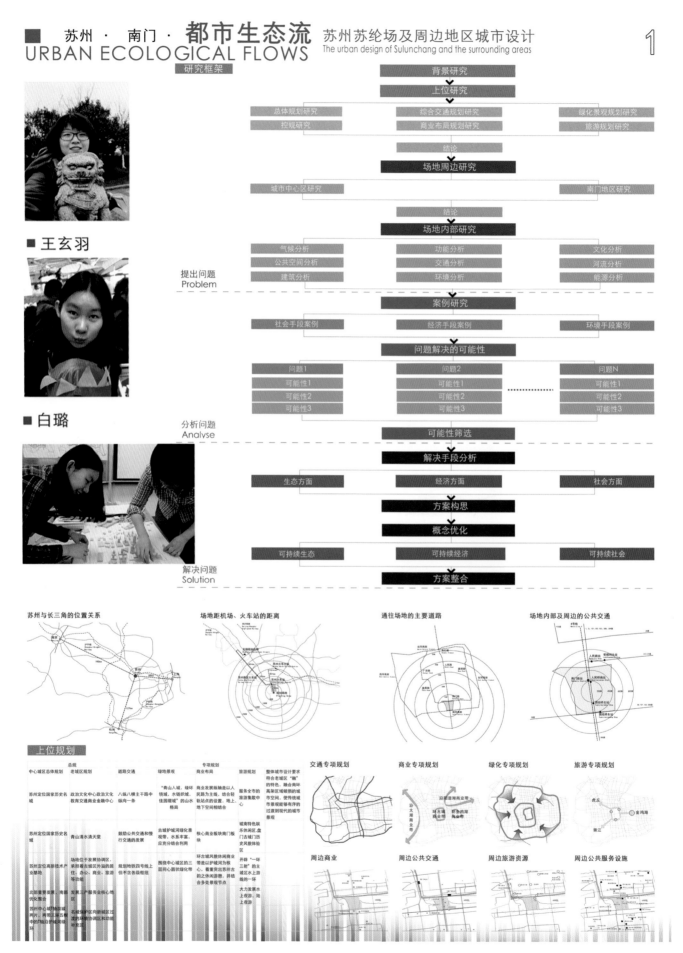

学生姓名：王玄羽、白璐   指导教师：苏毅、丁奇、张忠国

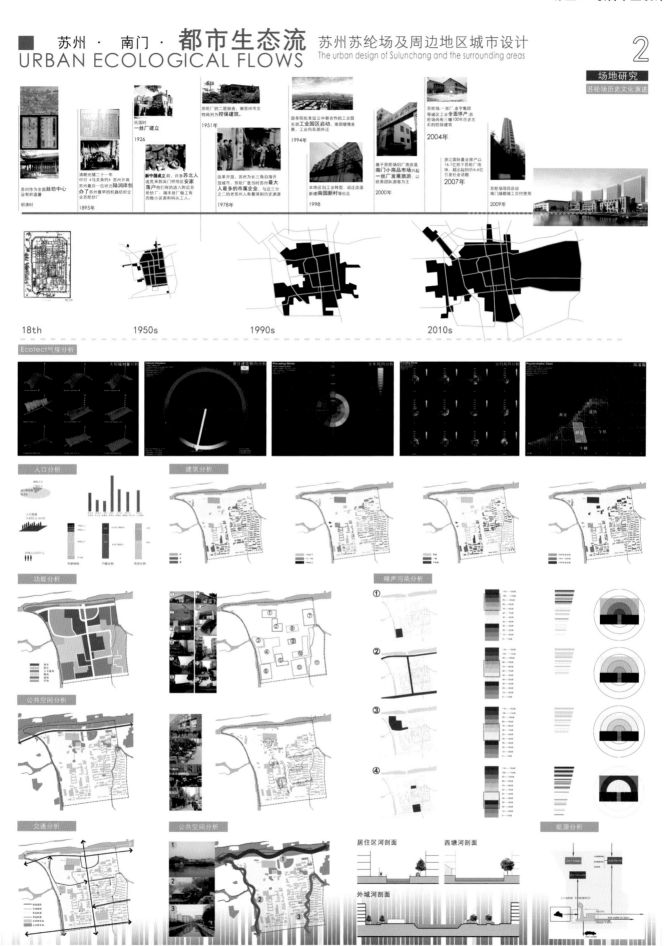

苏州 · 南门 · 都市生态流 URBAN ECOLOGICAL FLOWS

苏州苏纶场及周边地区城市设计

The urban design of Sulunchang and the surrounding areas

3

问题解决的可能性

问题Problem	重要性Importance	解决难度Difficulty	可持续因子 sustainable factors 生态	经济	社会	策略Strategy A	B	C
热电厂生产过程污染河流	★★★★★	★★				迁出	使用清洁能源	增设污水处理设施
热电厂生产过程污染空气	★★★★★	★★				迁出	增加净化技术	使用清洁能源
热电厂水路运输过程影响景观	★★★★★	★★★				迁出	使用清洁能源	采用管道运输
热电厂使用不可再生能源	★★★★★	★★★				迁出	使用清洁能源	
热电厂煤料堆场产生飞尘	★★★★★	★				迁出	采用覆盖措施	使用清洁能源
热电厂无单独供水系统使用城市生活用水	★★★★★	★★★★				迁出	加建分质供水系统	使用清洁能源
次干路与支路道路连通系数低	★★★★★	★★★★				增加次干路与支路连通性	利用开放空间连接	增加立体交通连接
南门路阻隔场地与环古城风貌带的联系	★★★★★	★★★				增设过街桥	增设地下通道	将南环高架地下化
场地没有连续的人行和自行车道路	★★★★★	★★★				新建步行和非机动车体系	在居住区新建慢行交通系统	建立地下慢性交通系统
河水水质差	★★★★★	★★★★				改造渠化河道	治理工业排污	改善自然水循环系统
城市硬地阻碍自然水循环	★★★★★	★				硬地软化	使用透水铺装	增加人工水循环设施
采用空调调节室温用电量巨大	★★★★	★★★				增设中央空调系统	增强建筑通风性能	结合使用新能源降温
公交场站占地面积大，经济效益低	★★★★	★★				迁出	降低等级减小面积	地上加建建筑
公交场站干扰城市主干道交通	★★★★	★★★				迁出	改换开口位置	设施特殊车道
公交场站对住宅楼噪音污染	★★★★	★★				迁出	车站增设隔音设施	居民楼增设隔音设施
公交场站空气污染	★★★★	★★				迁出	使用清洁能源	增设空气净化设施
小商品市场业态低端创造经济利润低	★★★★	★★				迁出	提升业态水准	
热电厂生产过程产生噪音	★★★★	★★★★				迁出	增加隔音措施	改进生产技术
热电厂突出烟囱破坏城市天际线	★★★★	★★★★				迁出	改造外形美观性	
运输船只在非货运航道违规行驶	★★★★	★				迁出	不使用水路运输	提升船只等级
建筑老化	★★★★	★★★				改造建筑	拆除新建建筑	
中学教学楼老化	★★★★	★★★				迁出	改造建筑	新建建筑
中学操场东西朝向	★★★★	★				迁出	改造操场朝向	与其他学校合并
中学操场紧邻居住楼存在噪音干扰	★★★★	★★				采用阻音措施	采用道路阻隔	与其他学校合并
中学正门面向主干道存在安全隐患	★★★★	★				迁出	改造校门位置	与其他学校合并
次干路与支路道路道路密度地	★★★★	★★★				增加次干路长度	增加支路长度	增加立体交通连接
人民路阻隔场地东西两侧交流	★★★★	★★★				增设过街桥	增设地下通道	
南环高架阻隔场地与吴中商业区的联系	★★★★	★★★				增设过街桥	增设地下通道	从商业功能上作区分
缺乏地面停车场地	★★★★	★★				增加地面停车	增加地下停车	将南门路地下化
苏州人亲水生活完全丧失	★★★★	★★				增加水体面积	改造硬化河道	增加滨水公共空间
人口密度大	★★★★	★★★★				降低居住区容积率	迁出部分居住功能	增加滨水空间
居住区沿河无公共空间	★★★★	★★★				增加沿河公共空间	将多处公共空间串联	改造渠化河道
人均公共空间面积低	★★★★					增加公共空间面积	移出部分人口	降低建筑密度
场地公共空间不连续	★★★★					增加地面景观廊道	增加空间景观廊道	
苏州冬季潮湿寒冷	★★★	★★★★★				应用建筑的防潮防寒技术	结合日照特征设计建筑	结合日照特征安排用地和建筑布局
苏州夏季炎热多雨，有梅雨季	★★★	★★★★★				应用建筑的防潮防热技术	结合日照特征设计建筑	结合通风条件安排用地和建筑布局
场地缺乏文化设施	★★★					新建文化设施	现有建筑改造文化设施	建设开放式文化设施
苏纶场在建项目体量与周边空间形态不协调	★★★	★★★★				苏纶场改造适应周边	周边新建适应苏纶场	迁出
苏纶场项目四周被城市干道环绕相对孤立	★★★	★★★				地下连接	天桥连接	调整整体路网结构
茶叶市场知名度低盈利差	★★★					迁出	增强宣传	建筑改建提升档次
小商品市场容积率低	★★★	★★★				替换功能	加建成多层建筑	建筑改建提升档次
小商品市场临时建筑质量差	★★★	★★				新建小商品市场	置换其他功能	拆除部分还原公共空间
南环新村居住建筑老旧，缺乏遮阳隔热通风技术手段	★★★	★★★				改建老住宅楼	增加建筑遮阳设施	新建住宅楼
南环新村每栋建筑可达通路单一且曲折	★★★	★★★				增加路网密度	降低建筑密度	利用地上地下公共空间联通
南环新村建筑密度高	★★★	★★★★★				拆除部分住宅楼	新建低密度住宅群	迁出
南环新村容积率低	★★★	★★				旧住宅楼加建	新建容积率高住宅群	迁出
南环新村环卫状况不佳	★★★					增强环卫清扫	增减垃圾收集系统	迁出
一丝厂文化功能使用人群受限	★★★	★★				迁出	对外普通民众开放	增加室外公共空间
一丝厂空间不向公众开放	★★★	★★				迁出	对外开放	
建筑容积率低	★★★	★★★★★				新建写字楼	建筑加建高层	
建筑下层底商沿街立面风格杂乱	★★★	★				改造底层门面风格	迁出	新建写字楼
居住小区绿化率极低	★★★	★★★★				增加地面绿地面积	增加空间绿地面积	增加小区外绿地可达性
小学校建筑体量过大	★★★	★★				迁出	改造建筑	
上下学时段造成端文路拥堵	★★★	★★				采取临时道路管控措施	错峰下课	一校两门
建筑外立面鲜艳与周边建筑色彩不协调	★★★	★				改造建筑外部色彩	改造周边色彩与之适应	创造缤纷建筑立面
中学占地面积过小	★★★	★★★★				迁出	扩建	与其他学校合并
中学操场非标准400M操场	★★★	★				迁出	扩大操场面积	迁出
专有停车场不开放	★★★	★★				开放专用停车场	增加地下停车	增加停车楼
人民路打车难	★★★	★★★★				解决道路拥堵	增进公共交通可达性	增设出租车停靠站
老城新城文化在此断代	★★★	★★				设立文化设施	南门路地下化	于老城形成步行连接
苏纶场工业文化完全丧失	★★★	★★				保留苏纶场厂房	加入文化展示功能	新建博物馆
老龄化严重	★★★	★★★★★				增加就业机会	加强卫生医疗设施建设	强化商业娱乐功能
就业岗位少	★★★	★★★				增加公共服务设施面积	增加商业办公面积	
历史建筑遗存少	★★★	★★★★				维持现有文保单位保护	引用历史建筑元素	新建古风建筑
西塘河岸边环卫水平低	★★★	★				增减垃圾收集系统	提升周边业态层次	增强环卫清扫
外城河亲水设计部分使用率低	★★★	★★★				增加天桥连接	增加地下连接	增加场地活动设施
外城河绿地呈带状活动使用有局限	★★★	★				适当设计放大节点	引入多样活动功能	南门路地下化
缺乏老年人和儿童活动场地	★★★	★				增加地面活动场地	增加立体空间	
居住区和西塘河渠化	★★★	★★				改建软质驳岸	取消水路运输	增加滨水空间
绿地没有联系性	★★★	★				增加绿地间步行走廊	增加立体绿化面积	
城市四周高中心城低，加剧中心城热岛效应	★★	★★★★				增加绿地面积	增加水域面积	减小建筑密度
场地没有集中供暖系统	★★	★★★★				增设中央供暖设施	增设自供暖设施	结合日照特征设计建筑
场地缺乏分质供水系统	★★	★★				分质供应工业用水	将工业用地迁出	
场地缺乏雨水收集系统	★★	★★				竖向设计汇集雨水进入自然水体	增加水域面积	增设被动雨水收集设施
苏纶场在建项目出入口影响人民路交通	★★	★★				采取临时道路管控措施	调整出入口位置	迁出
苏纶场项目将会增加南门路和人民路道路压力	★★	★★★				对道路扩建	增加地面公共交通可达性	结合地铁立体连通性
苏纶场在建项目增加城市是能耗需求	★★	★★★★				扩容城市基础设施	建设能源部分自给自足	设计低能耗建筑
海鲜市场知名度低	★★	★				迁出	增强宣传	坐地下空间连接
南环新村可识别性低	★★	★★★				改建有识别性的住宅楼	改建有识别性的公建	改建有识别性的公共空间
南环新村建筑朝向单一南北向缺乏变化	★★	★★★★★				改建部分老住宅楼	增加建筑遮阳设施	新建住宅楼
南环新村建筑立面缺乏变化	★★	★★				改建部分住宅楼外立面	新建住宅群	迁出
南环新村有两栋无功能废弃建筑	★★	★				拆除建筑形成开放空间	改建成公共活动中心	改建成住宅楼
建筑上层写字楼沿街立面单调	★★	★★				改造建筑上层外立面	迁出	新建写字楼
建筑多为东西向布置，缺乏遮阳隔热通风技术手段	★★	★★★★				改造建筑增设遮阳通风措施	迁出	新建写字楼
居住小区容积率过高	★★	★★★★				拆除	减少建筑层数	
居住小区建筑密度极大	★★	★★★★				拆除	改造建筑	
30层高层塔楼突出破坏城市天际线	★★	★				拆除部分高层	遮挡过高部分实体建筑	新建周边创造新的天际线
小学校占地面积过大	★★	★★				迁出	减小小学用地	周边建设高层协调
外来人口多	★★	★★★★				集资建房	减少低端零售业	提升生活消费水平
原住居民少	★★	★★★★				回迁房	增加就业机会	本地居民集体建房
缺乏体育休闲设施	★★	★				建筑改造体育场馆	增加专项体育用地	增加开放空间的体育设施
桥下绿地使用率低	★★	★★				设置活动硬地	增加地下连接	增加地上连接
街道绿化形式单一	★★					丰富植物种类	丰富绿化形态	结合水体设计绿化
人民路东西两侧布艺市场业态重合	★					将东侧功能置换	将西侧功能置换	升级业态结构
人民路东西两侧布艺市场分散	★					将两侧合并	做地上空间连接	做地下空间连接
海鲜市场卫生条件差	★					迁出	增强环卫手段	建筑改建提升档次

	社会	经济	环境
1	拆除建筑形成开放空间	合并人民路两侧小型商业	取消水路运输
2	减少低端零售业	降低居住区容积率	改进生产技术
3	海鲜市场迁出	减小小学用地	改善自然水循环系统
4	改建有识别性的公建	减少南门绿椰建筑层数	硬地软化
5	改建有识别性的公共空间	改建部分老住宅楼	适当放大滨护城河节点
6	中学与其他学校合并	改造小学建筑	增加绿地面积
7	调整苏纶场出入口位置	改造中学操场朝向	增加水域面积
8	利用地上地下公共空间联通	改造中学建筑	增加立体绿化面积
9	改造小学建筑外部色彩	改造一丝厂为公共活动中心	增加净化技术
10	维持现有文保单位保护	改造现有建筑文化设施	增加软质驳岸
11	保留苏纶场厂房	升级业态结构	增加绿地间步行走廊
12	引用历史建筑元素	强化商业娱乐功能	增加小区外绿地可达性
13	新建周边创造新的天际线	提升业态水准	增加竖向设计汇集雨水进入自然水体
14	新建居住区慢行交通系统	加入文化展示功能	增强建筑通风性能
15	增加开放式文化设施	丰富住宅楼外立面	丰富植物种类
16	增加室外公共空间	扩大中学操场面积	丰富绿化形态
17	增加滨水公共空间	引入多样活动功能	结合日照特征设计建筑
18	增加场地活动设施	增进公共交通可达性	结合日照特征安排用地和建筑布局
19	增加南门路两侧连通性	一丝厂对外普通民众开放	结合水体设计绿化
20	增加地下停车	新建写字楼	结合使用新能源降温
21	增加就业机会	新建住宅楼	使用清洁能源
22	增加公共服务设施面积	新建住宅群	使用透水铺装
23	增加支路长度	新建容积率较高住宅群	设计低能耗建筑
24	增加次干路与支路连通性		建设能源部分自给自足
25	增加次干路长度		应用建筑的防潮防寒技术
26	增加地面公共交通可达性		
27	结合地铁立体连通性		

可能性筛选

能源 Energy
文化 Culture
建筑 Building
经济 Economy
公共空间 Public Space
气候 Climate
社会 Society
生态 Ecology
交通 Transportation
水体 Water
人口 population
功能 Function

学生姓名：王玄羽、白璐　指导教师：苏毅、丁奇、张忠国

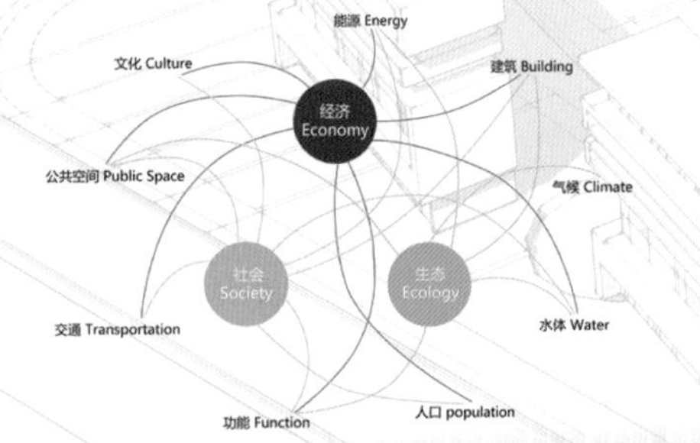

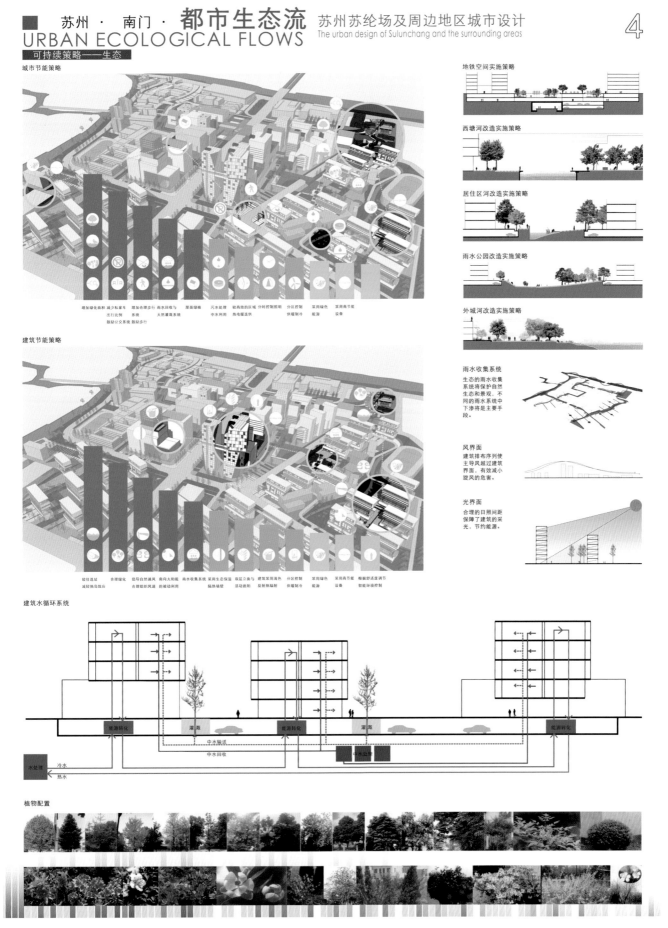

苏州 · 南门 · 都市生态流
URBAN ECOLOGICAL FLOWS
苏州苏纶场及周边地区城市设计
The urban design of Sulunchang and the surrounding areas

5

可持续策略——社会

可持续策略——经济

业态分布

居住　商业　办公　文化　开放空间　交通　市政　娱乐　绿化景观

单一的功能组织，将空间生硬的割裂开来，缺乏融合

相互隔绝的布局形式被打破，功能开始出现简单的融合

二维的空间融合仍不能满足地块功能发展需求，复合式功能混合渐渐形成

多维度的功能混合布局更能满足使用者的需求，并能实现开发的利益最大化

人员活动密集度

业态配比

居住		13.8%
商业		10.4%
办公		9.2%
文化		5.6%
娱乐		7.1%
开放空间		12.0%
绿化景观		30.7%
交通		5.9%
市政		5.3%

规划基地位于以公共设施服务带为主体，串联古城城市中心、吴中片城市副中心的南北城市发展次轴上。

苏州总规规定老城区承担着古城区外溢的居住、办公、商业、旅游等功能。该基地位于老城区内部，承担相同的功能。

容积率分布

1.2　2.0　2.6　3.9　1.5　2.2　3.5　0.5

A+B+C发展模式

A（Attraction）是吸引中心，作为吸引中心，成为发展的亮点，不仅吸引了游客，也吸引了政府。由于这样的项目需要大投入，市场也需要培育，所以有可能在直接经营上形成亏损局面。

B（Business）是利润中心，产生利润的来源方式可以多样化，而目前的一般形式是配套房地产建设。

C（Culture）是衍生发展，通过市场，聚集了人气；通过政策，聚集了商气；通过创意，聚集了文气，最终聚集了衍生产业的发展，而其核心是文化创意。

混合功能

吸引力 Attraction

+

商务 Business

+

文化 Culture

A+B+C

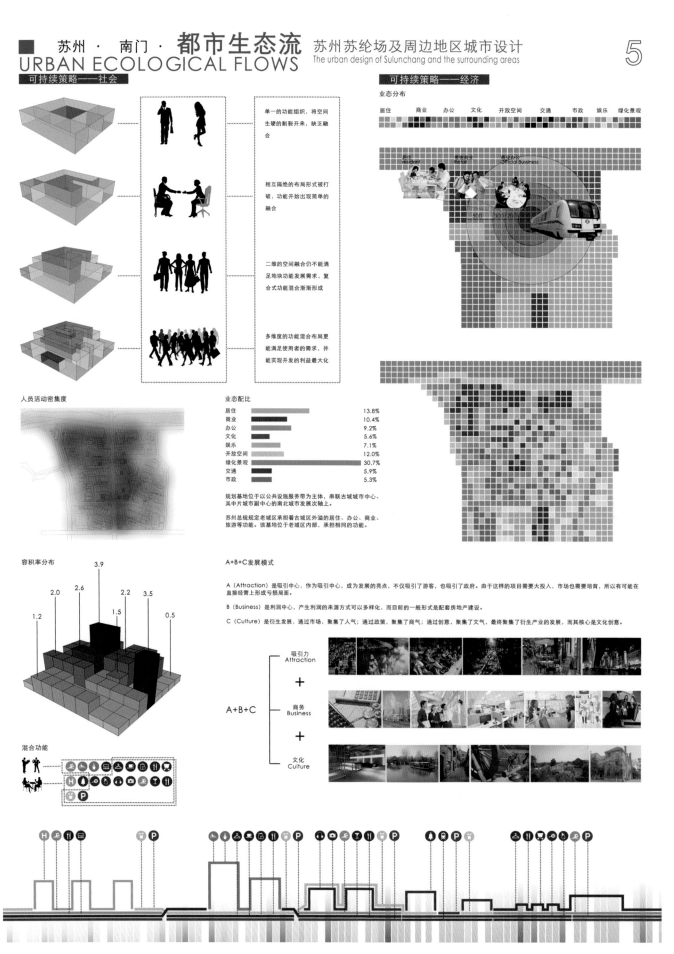

　学生姓名：王玄羽、白璐　指导教师：苏毅、丁奇、张忠国

苏州 · 南门 · **都市生态流** 苏州苏纶场及周边地区城市设计
URBAN ECOLOGICAL FLOWS The urban design of Sulunchang and the surrounding areas

6

北立面

东立面

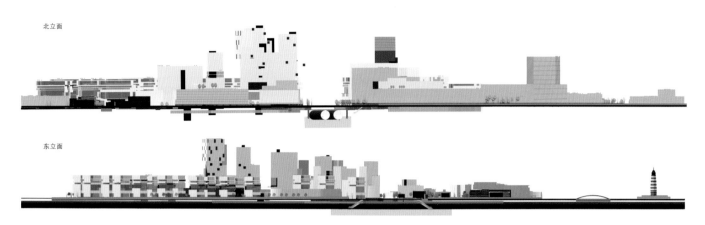

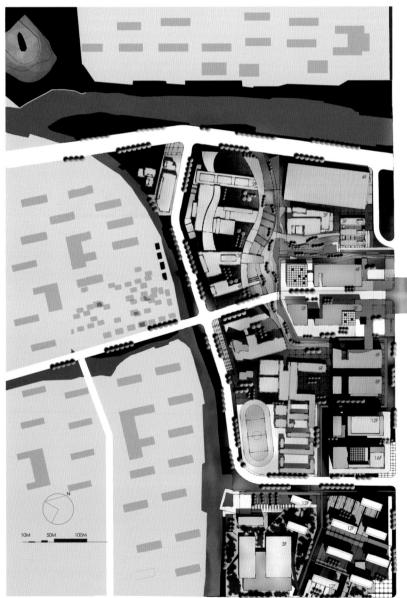

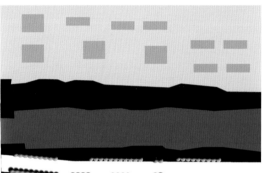

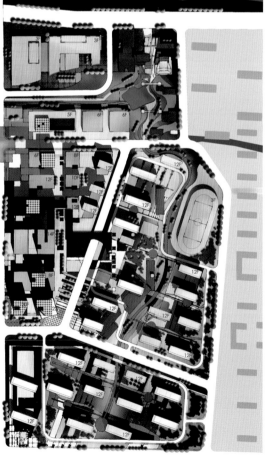

苏州 · 南门 · 都市生态流
URBAN ECOLOGICAL FLOWS
苏州苏纶场及周边地区城市设计
The urban design of Sulunchang and the surrounding areas

城市广场结合轨道交通站点

低碳节能建筑

生态谷

问题解决的策略

1	11	8
5	12	20
8	13	21
16	17	22
18	18	
19		
20		
22		
26		
27		

2	24	1	22	3	21
3	25	2	23	4	22
4		3		6	23
6		5		8	24
9		6		11	25
12		8		12	
13		15		13	
14		16		17	
21		20		18	
23		21		20	

5	9	1	19
7	10	3	
11	14	4	
15	19	6	
16		7	
17		9	
18		10	
		11	
		15	
		16	

苏州 · 南门 · 都市生态流
URBAN ECOLOGICAL FLOWS
苏州苏纶场及周边地区城市设计
The urban design of Sulunchang and the surrounding areas

方案整合

⑧

日照分析

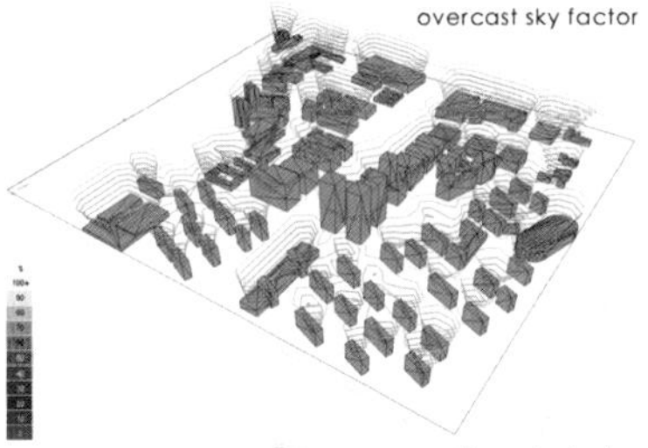

对主要影响居住条件的风环境和太阳辐射进行分析

本设计基于常年风向的研究设计的建筑群体形态，利用建筑单体关系，有效地调整城市低空风环境，减少紊流扰乱，形成良好的建筑通风以及街道风。

通过对场地累计日平均太阳辐射的分布情况，本设计避免了产生过多的消极空间，并得到需运用遮阳设施和绿植的区域，在累积日照辐射较强处种植常绿大型乔木。

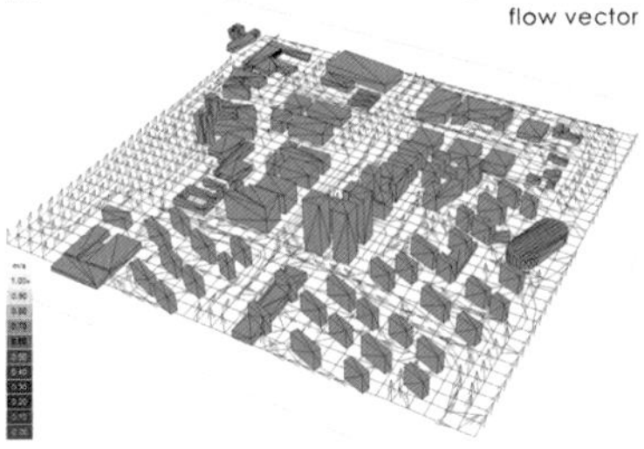

空间策略

- 文化产业带 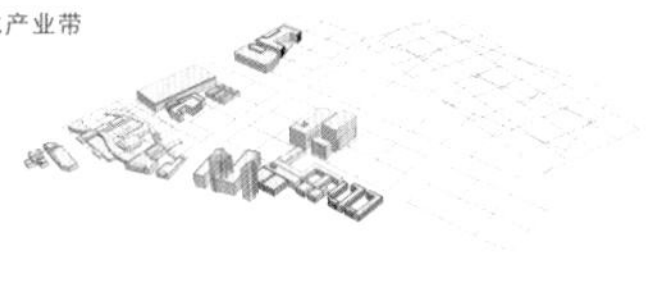
- 商业办公带 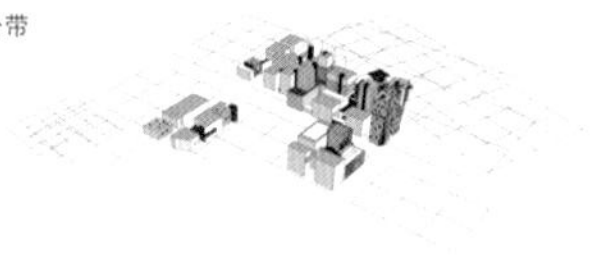
- 低碳居住区 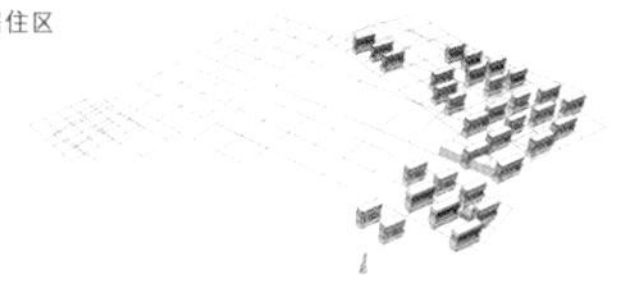
- 改造文化建筑 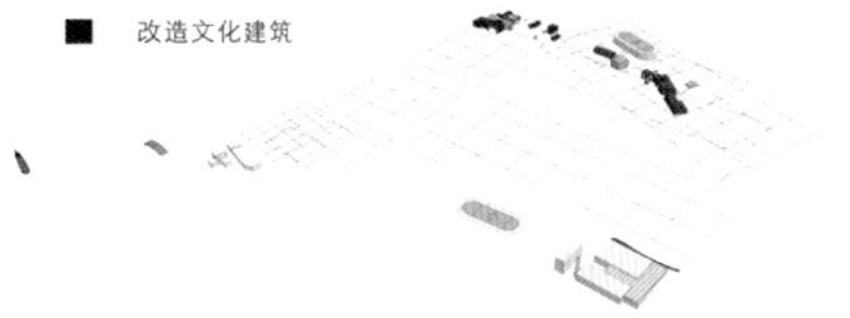
- 地下交通体系

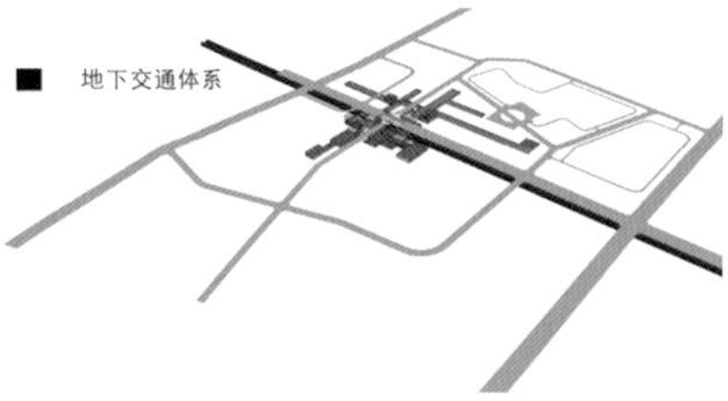

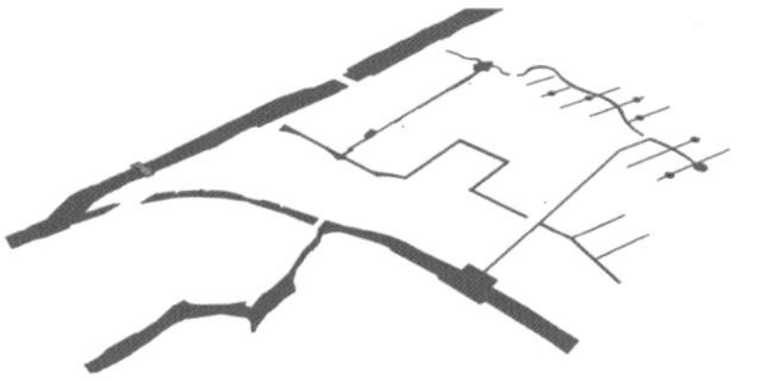

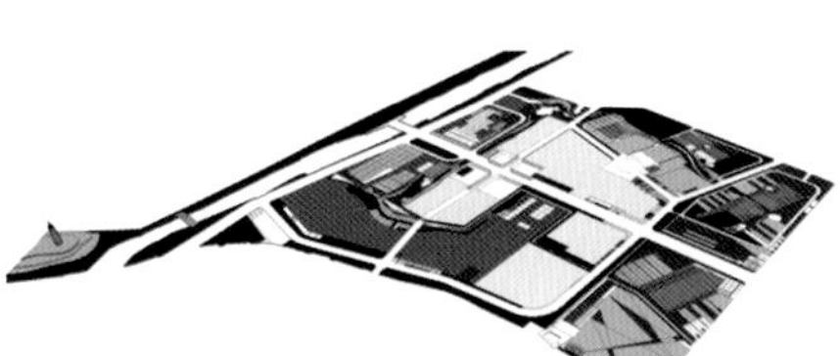

overcast sky factor

uniform sky factor

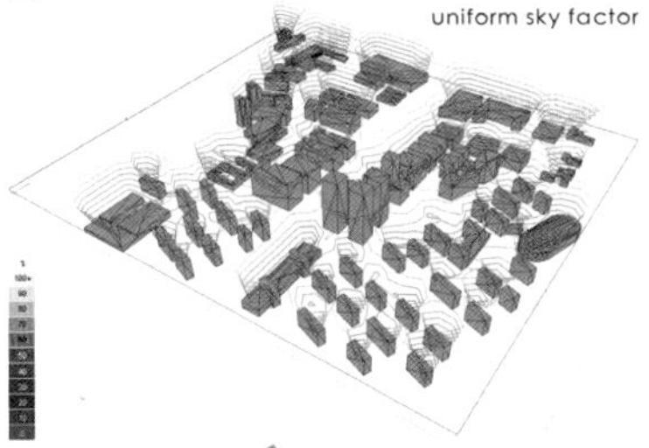

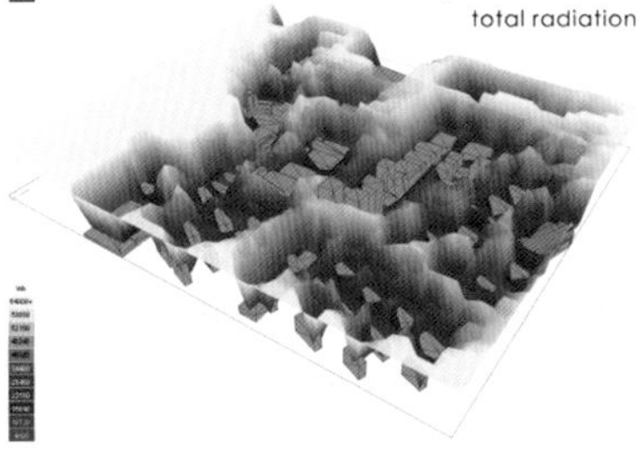

风分析

air flow rate

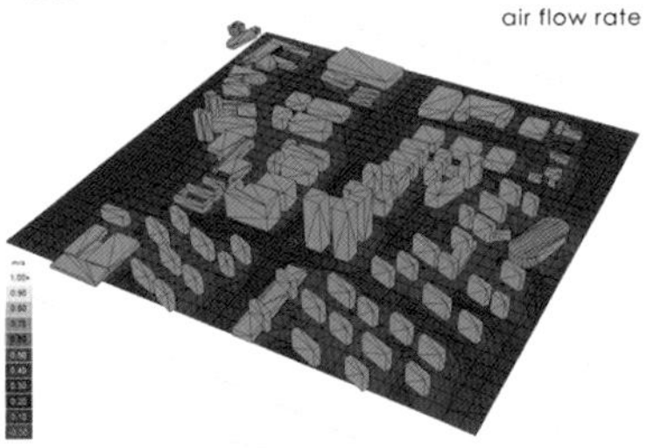

total diffuse radiation

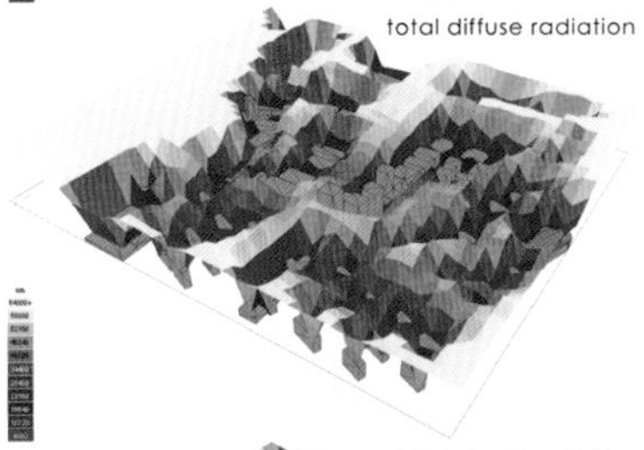

cell presser

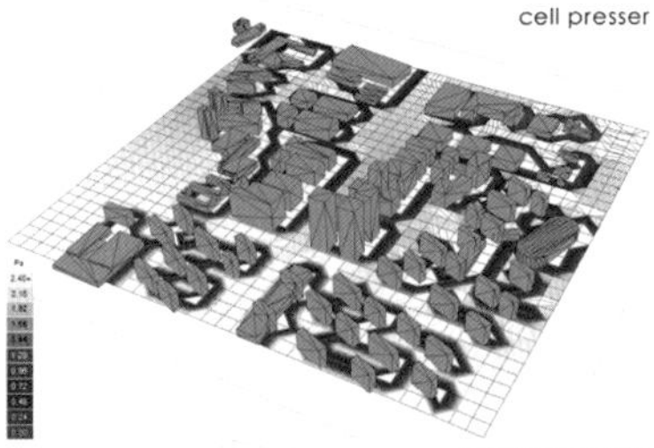

total direct radiation

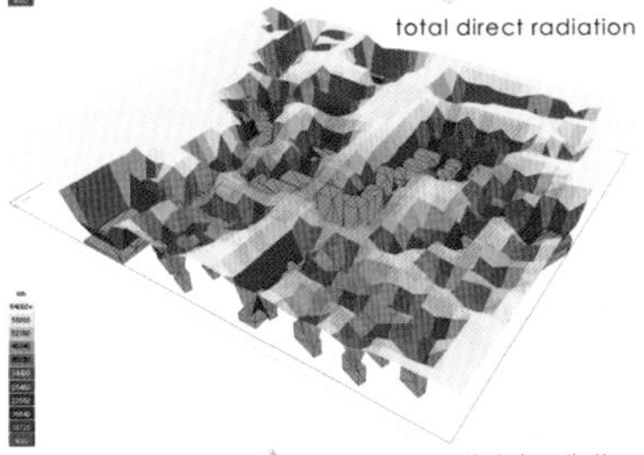

cell temperature

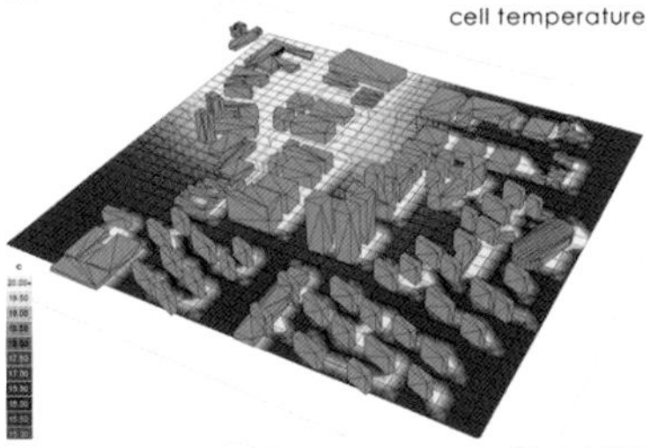

total radiation

flow vector

主干路交通系统 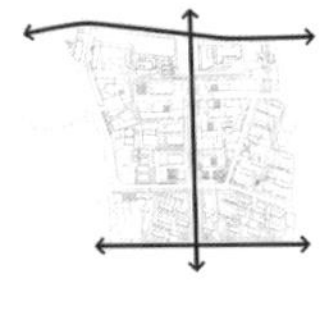　次干路交通系统 　支路交通系统 　步行交通系统 　地下停车系统 　公共交通服务系统 　道路断面

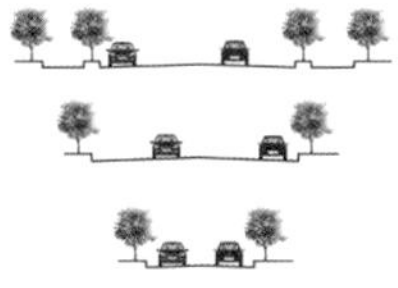

文化娱乐场所 　商务办公场所 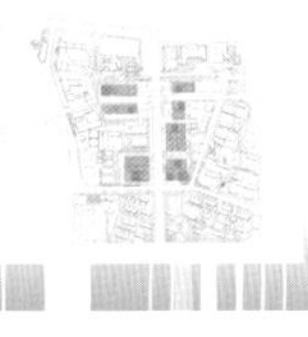　商业场所 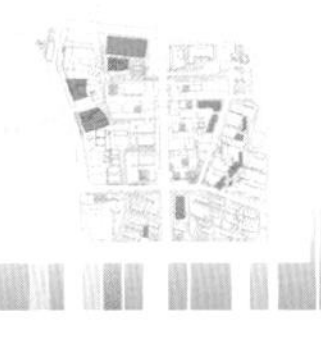　集散场所 　绿地系统 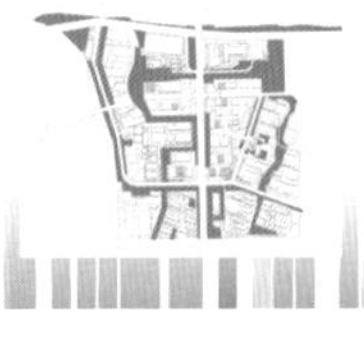　屋顶绿化系统 　景观廊道

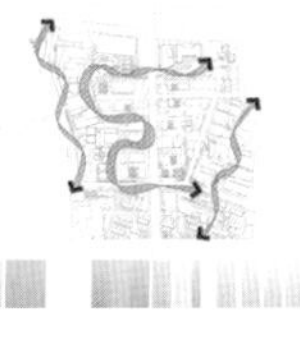

慢·延 合肥市政务区四方厂地区城市设计
Urban Design Of Sifang Factory In Hefei Administrative District

背景

工作框架

- 实地调研
- 背景研究
  - 城市认知
    - 合肥概况
    - 任务解读
  - 区位研究
  - 上位规划
    - 合肥总规
    - 政务区总规
    - 政务区单元规划
- 基地现状
  - 用地与周边用地
  - 道路与周边道路
    - 路况
    - 交叉口
    - 流量
  - 环境绿化
  - 产业经济
    - 产业
    - 容积率
  - 历史延续
- 提出n种解决方案
- 整合
- 基地定位
  - 经济可行性
  - 功能定位
  - 规划设想
- 设计愿景
- 理念&方法
  - 理论研究
  - 案例分析
- 可持续设计方法
  - 可持续经济
  - 可持续空间
  - 可持续文化
  - 可持续环境
  - 可持续技术
- 方案生成
- 优化方案
- 整合

区位分析

政务文化新区区位

政务新区处于两个经济开发区之间，起到了联结沟通、促进联合发展的作用；是连接中心城区与肥西新城市中心的重要纽带。

基地区位

基地位于政务新区东部，紧邻天鹅湖商业区，与合肥市政府隔湖相望，东部紧邻金寨高架，交通区位优势明显。

历史背景

1958	1959	1997	2000	2004	2006	2008	2012
全国第一批小氮肥厂之一肥山化肥厂建立	毛泽东视察合肥肥山化肥厂	合肥死方化工集团有限责任公司成立	合肥国方发股有限公司成立	渡合肥荣获"国家免检产品"称号	安徽红国方股份公司上市	红国方国有资产股份无偿转给中国盐业总公司器	红国方化肥厂全部停止生产

基地历史

基地内部是刚刚搬迁的合肥四方化肥集团，前身是合肥化肥厂，始建于1958年，是我国最早的化肥企业之一。
合肥化肥厂在改革开放后迅速发展，产值利润增长百倍，受到国家领导人的重视，并成为安徽省内的龙头企业，为合肥市工业发展、经济建设、人口增长做出了突出贡献。

人文意义

1971年红四方建成我国第一个小联碱厂。小氮肥、小联碱、小化肥等是特殊历史条件下的中国创造，世界上独一无二的第一套小化肥遗址，具有珍贵的历史价值。
红四方化肥厂曾是20世纪合肥市经济建设的支柱力量，是合肥市城市发展的时代象征，在一代合肥人民心中留下了不可磨灭的印记。

"中国工业遗产是社会发展不可或缺的物证，其所承载的关于中国社会发展的信息以及曾经影响的人口、经济和社会，甚至比其他历史时期的文化遗产要大得多。"

——中国工业遗产保护《无锡建议》

上位规划

合肥市城市总体规划（2006-2020）

合肥市总体规划将合肥市定位为"泛长三角西翼中心城市；具有国际竞争力的现代产业基地；具有国际影响力的创新智慧城市；国际知名的大湖生态宜居城市和休闲旅游目的地。"

合肥市政务文化新区总体规划（2005-2020）

合肥市政务文化新区总体规划对于政务文化新区的定位为：都市新核心，政务文化新区与主城中片之间，空间和心理距离较短，对主城疏解的作用最直接。

合肥市政务区SS8单元规划（2006-2020）

合肥市政务区SS8单元规划将该地块定位为"以政务文化中心为依托，集聚文化与商务、会展、旅游为一体的行政办公、文化、体育，商业综合体等高端商务为主体的新兴发展区"。

上位规划定位总结：

根据合肥市总体规划"大湖名城"定位，根据政务新区"都市新核心"的定位，以及单元规划"活力滨水区"的定位，我们对于本次地块的初步定位可总结为：打造新政务、新科技的商业商务港，及新环境、新文化的生态滨水活力区。

慢·延
合肥市政务区四方厂地区城市设计
Urban Design Of Sifang Factory In Hefei Administrative District

现状

基地周边

基地位于合肥市的新城市次中心——政务文化新区内，周边综合环境较好，区位优势明显。

基地周边建筑环境： 基地周边建筑大多为大尺度的标志性高层建筑，见"天鹅湖畔"、合肥大剧院，还有很多宏伟的行政办公高层建筑，以及一些高档次居住小区内的高层居民楼。

基地周边绿化环境： 基地紧邻合肥新区的核心区——天鹅湖景区，景色优美，环境清新，周边道路绿化情况良好，尺度宜人。

基地周边公服设施环境： 基地周边有多处大型商业购物中心、城市级公园绿地、银行、医院、加油站、市级体育馆等。

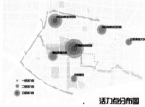

用地分析图　　　　活力点分布图

基地现状

基地建筑
基地内部原有的四方化肥厂厂房、生产车间等化肥工艺设备都已拆除或迁出，目前只剩下两处工作构筑物，地块内原有道路系统已被建筑垃圾掩埋，只能看出一条主干路走向；基地周边天际线情况较为杂乱，与政务区综合城市环境不符。

十五里河
十五里河发源于大蜀山东南麓，自西北流向东南，穿过合肥市蜀山区和包河区在同心桥处汇入巢湖，流域面积111.25km²，全长约27.2km。十五里河是合肥市西南部防洪行洪通道之一，河道弯曲顺直现状防洪标准在10~20年一遇。

十五里河自西南流经基地边，由于化肥厂废水、生产生活污水排放和缺乏水源补给，水体污染严重，河流生态环境较差；河道两岸都是破碎裸土，与周边环境和人群格格不入，较少被大范围居民利用和建设。

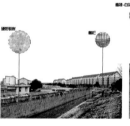

经济分析

合肥总体经济现状
2013年合肥全市生产总值（GDP）4672.9亿元，按可比价格计算，比上年增长11.5%，增速超过全国、全省平均水平，居中部省会城市第四，居武汉、长沙、郑州之后。

农业
合肥市有农业、水产、畜牧资源丰富，长丰、肥西县都建立了农业科技中心，合肥市农业总产值占全省农业产值的7.89%。合肥的肥东、肥西和长丰三县都是全国商品粮生产基地。

工业
合肥工业发展始于20世纪20年代，但在1976年以后才进入飞速发展阶段，现如今，合肥有合肥经济技术开发区、合肥新站高新技术产业开发区等国家级经济开发区，以及若干个省级经济开发区。

全国GDP排名(亿元)

2013安徽各市GDP排名(亿元)

2013中国最具竞争力城市排名榜(中部)得分

1 武汉
2 长沙
3 郑州
4 合肥
5 哈尔滨
6 南昌
7 南昌

发展环境
"十二五"时期，合肥正处于大有可为的重要战略机遇期。

发展趋势
随着沿海产业加速向中西部地区转移，良好的区位优势、较低的商务成本日益完善的投资环境，使合肥正在成为产业转移的首选之地。

发展阶段
目前合肥正处在工业化和城市化加速推进阶段，推进工业化作为"十二五"末，预计地区生产总值突破7千亿元，人均GDP15000美元，并进入全国省会城市第十名。合肥市提出在积极推动高新技术产业发展，大力发展科教育事业，积极引进高科技人才，吸纳新兴科研企业，在经济、产业方面加快合肥"大湖名城，创新高地"的城市定位。

专栏一"十一五"规划主要目标完成情况

分类	指标名称	单位	十一五规划			2010年完成
			基期 2005	总量	增速(%)	
经济发展	地区生产总值	亿元	1900	18.5	2300	2702.5 17.9
	人均GDP	美元	3000		6000	7000以上
	全社会固定资产投资(累计)	亿元		4500	22	7700 35 8511 44
	其中：工业投资	亿元	1900		1900	2826.4 42.4
	社会消费品零售总额	亿元		600	17	1350
	财政收入	亿元	260	18	400	20 476.1 29.5
结构调整	规模以上工业增加值	亿元	800	24	1000	— 1032.7 19.3
	战略性新兴产业增加值	亿元		20	20	23

专栏一"十二五"规划主要目标完成情况

分类	指标名称	单位	总量	增速(%)	指标属性
经济发展	地区生产总值	亿元	6000	16	预期性
	人均GDP	美元	15000		预期性
	固定资产投资(累计)	亿元	25000	18	预期性
	其中：工业投资(累计)	亿元	8500	20	预期性
	社会消费品零售总额	亿元	2000	19	预期性
	财政收入	亿元	1000	16	预期性
产业结构	规模以上工业增加值	亿元	2500	20	预期性
	战略性新兴产业增加值	亿元	1100	—	预期性
	全社会R&D占GDP比	%		3	预期性

现状问题与资源

现状问题

建筑垃圾： 基地内四方化肥厂厂房在拆除后，留下了堆积如山的建筑垃圾，目前基地内尚无法消化，垃圾的运输成本很高。

十五里河水质： 由于化肥厂长期排污，以及生活污水的排放，基地内段的这一段水体污染水质非常差，河边不美，影响城市景观。

尺度问题

河岸规划： 十五里河两岸没有亲水设施和空间，岸上的精致与河岸破碎裸土不符。

基地内建筑大多为大尺度厂房和构筑物，不利于人群的活动和停留，给人不亲近的问题。

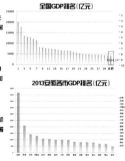

资源

区位优势：
基地所处政务新区对于相对于城市次中心的主导型次中心地位，因基地在行政经济中方及之翼，起到都市交通经济平台以及集聚区文化技术的重要作用。

景观优势：
基地内承接天鹅湖与塘湖防洪连接工作，有很好的防水资源支撑，天鹅湖已开始改造完善的滨湖景观，与十五里河可以很好的利用连成一道通，在给政务区完善的防洪水生态景观。

科研优势：
合肥市2004年为首个国家科技创新型试点市；基地周边有多所名牌大学，科技实验室等科研机构，有着万名科技工作人员，可为基地提供很好的科研技术支持。

学生姓名：邓美然、王惠婷、孙思瑾　　指导教师：苏毅、张忠国、张学勇

慢·延

合肥市政务区四方厂地区城市设计
Urban Design Of Sifang Factory In Hefei Administrative District

03

定位

方案探索（access理论研究）

ADVANCED BUSINESS PARK
以增强整个功能架构，为企业提供增效、多能、全方位中枢式经营配套、高端发展需求以及企业的管理需要。
= **总部基地**
+

COMMERCIAL STREET
在一定基础上把控整体引领的商业街景，是一种多功能、多业种、多业态的城市集合体。
= **商业街区**
+

CREATIVE CULTURE
发展构筑思维型产业，来自技术、经济和文化的交融。
= **创意文化**
+

ENTERAINMENT
满足多个有效层面的消闲及活动空间，供人群进行休闲的活动，交谈娱乐活动。
= **休闲活动区**
+

SUSTAINABLE
运用一定生态手段进行规则设计，保证环境与建设活动平衡和谐的下实现经济可持续增长的发展模式。
= **可持续发展**
+

SMART
合肥入选全国"智慧城市"试点市
= **智慧城市**

总部基地 ABP	商业街区 Commercial Street	居住 residential district	创意文化 Creative culture	休闲娱乐 entertainment	智慧城市 Smart city
总部办公	商务办公	配套齐全	文化特征	生态绿地	信息技术
经济产业	酒店公寓	景观舒适	展示空间	开敞空间	资源优化
交通方便	会展文娱	宜人尺度	休闲空间	自然水系	新型管理模式
软件平台	黄金地段	环境安静	艺术景观	交通便捷	信息化与城市化的相统合
硬件设施	经济枢纽	空间丰富	工业景观	可持续性	
注重生态			"动""静"多种功能分区		
环境优美					

功能定位

工作
交通 工作 交通
居住 游憩
交通

工作
居住 游憩

工作
居住 游憩
交通

工作
居住
交通
游憩
……

历史	文化	更新	旧溶解于新
环境	发展		经济溶解于生态
步行	车行		车行溶解于步行
居住	工作	交通	游憩	各功能分子溶解于城市
开敞空间	私密空间	建筑空间	建筑溶解于空间

方案定位：
在都市新核心中，结合商务办公、生活商业与休闲娱乐空间设置，并包含一部分人文景观的生态可持续小尺度总部基地。

方案初探：
在新的基地中，打破严格的功能分区，使各个功能区能够模糊边界，真正融合到一起，形成以工作、生活、休闲娱乐为一体的多功能城市的公区。
将原来大面积的不同功能的元素从大尺度溶解成若干个小尺度单元，分别融合到一起，使原本的系统相互平衡，相互协调，激发新的活力，解决一些现有的城市问题。

案例分析

商业类：滨水商业景观

圣安东尼奥
圣安东尼奥（San Antonio）位于美国德克萨斯州中南部，全市各种活动几乎都围绕着河边市中心的圣安东尼奥河展开，河两岸各类商业设施、公园，以及多元文化内涵一直是圣安东尼奥最大的特色。
圣安东尼奥滨水水系在城市中的不同功能分区，以滨河步道为界分为内外两层，走道临近河流两侧，外部覆盖绿道。重要的公共建筑临街而建。滨河区对开放公共步行区域，通过对展有当地民族特色的建筑。

什刹海
什刹海，是北京市历史文化旅游风景区，位于北京市西城区北部，与中南海水域一脉相连，自前海、后海和西海及到周边地区约146.7公顷。
其中商业街区以商业的潮涌一条街和延伸至基地的各种跨际潮涌滨斜的御景观等。什刹海展示代活跃的路径，成就为"北京古海道"，这种繁荣展现出经的时代有起的消防保养等多。
什刹海环滨商业依依湖而起，从一开始仅带了后海畔分十馀碳滨返的发展的蜂蜜吧、服装店、饭店、商铺于一体的商业街区。整个环线周边不论是人气、建筑、空间、景观都做到了疏密有致，很好地丰富、服务于滨线。

借鉴意义：
1. 什刹海周边商业街的空间因围绕滨水或商铺滨水而有所不同。
2. 新建房屋外立面统一，结合北京特色风貌，为滨带灰瓦，量彻致的感觉。
3. 从商业、旅游、居住三大功能出发，改善人居环境，合理规划生态发展和周边居住的天系。
4. 小尺度街道空间给给人群以旧的温暖。

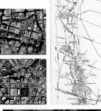
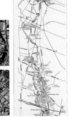

上海新天地
上海新天地是一个具有上海历史文化的都市景观，它将以上海近代代建筑石库门建筑的旧石库门基础，改变了原有建筑的单一的居住功能，创新赋予它商业经营功能，把改变上海历史和文化的旧石库门改造成餐饮、购物、文化娱乐于一体的商业休区。

借鉴意义：
从空间形态看，新天地既以石库门建筑为主的商业内街，在修整、改建后，原有的狭窄、通拥的里弄空间做以重新整合，并加以步行街、广场公共空间元素。
从尺度上看，新天地整体尺度不受限于城市中大型建筑步行街的尺度，为靠近人的、偏小的尺度。南里新建的四座五层，但由于相外立面形状和尺度把握较好，因此没有给人体量大和周围建筑不协调的感觉。

总部基地类

总部基地：光电之星科技港——新奥智城
科技港地块占地面积约21公顷，主体建筑为内层区的办公楼2栋、总部的公楼、仓库、展览展示厅，另设公寓、餐饮，以及运动场、地下停车库等作为以工作配套服务生活设施，地块内设计小地场、运动会所、室外运动场地、入口广场、绿地、游憩码头等综合性休闲服务设施。

借鉴意义：
小尺度的工作环境，比周边精英地例滴成大道让使用者在语言上更为的适自在，具有亲和力，自以小尺度工作单元较经济，使用人群较国广。

　学生姓名：邓美然、王惠婷、孙思瑾　指导教师：苏毅、张忠国、张学勇

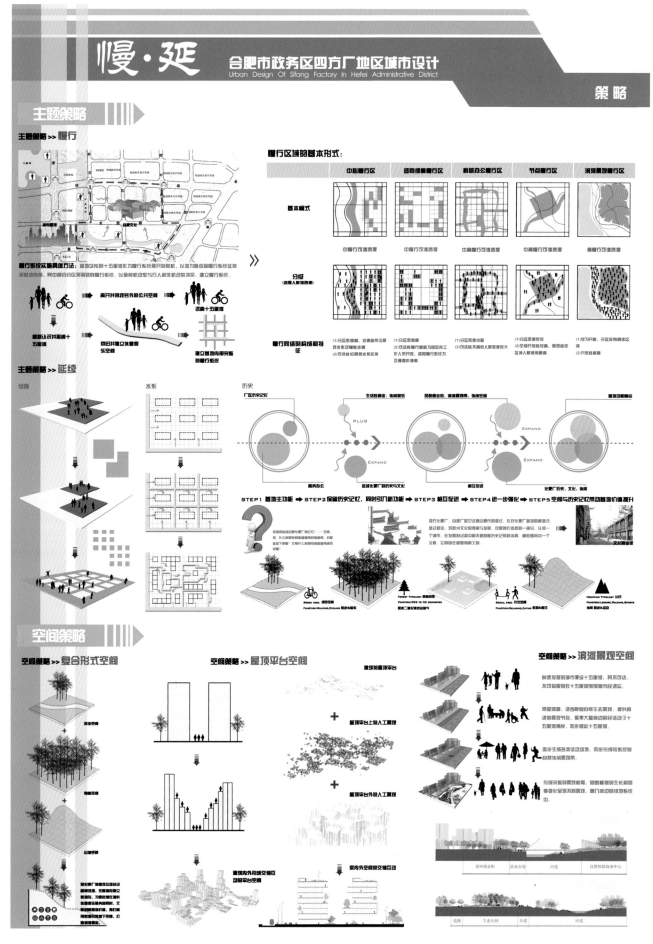

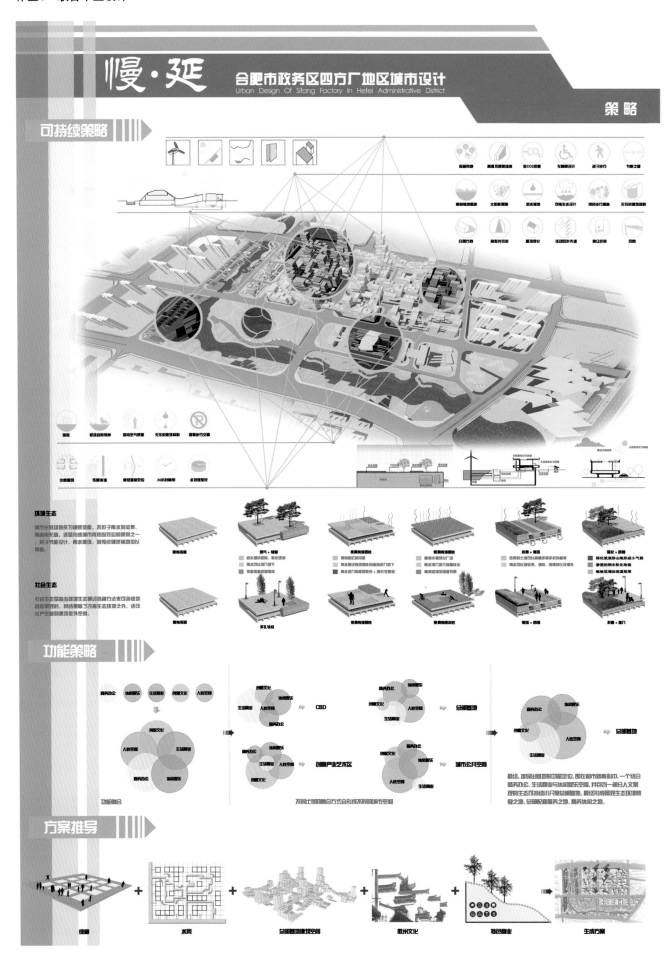

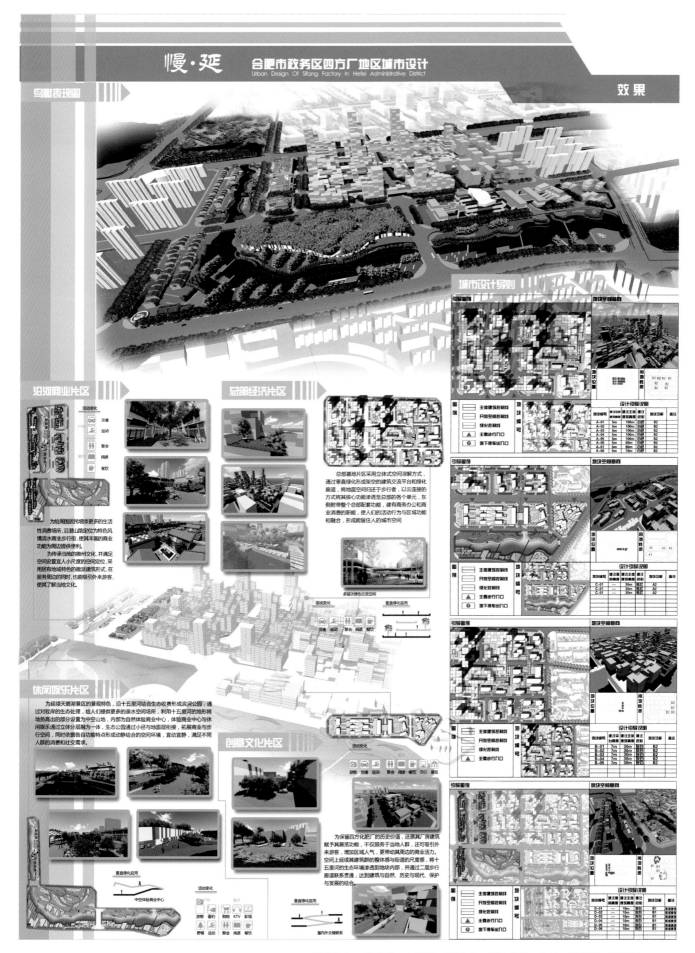

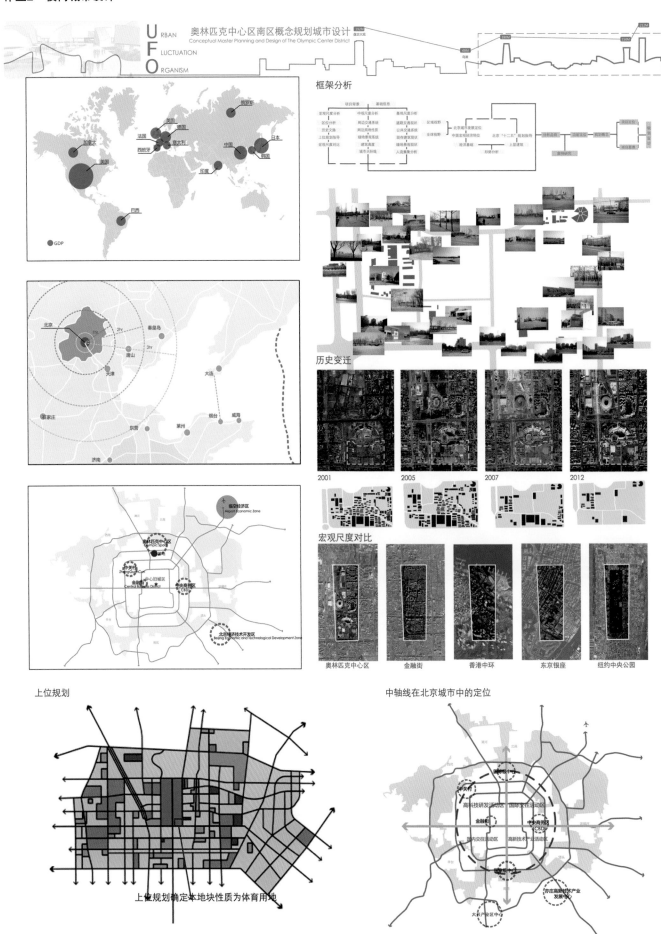

奥林匹克中心区南区概念规划城市设计
Conceptual Master Planning and Design of The Olympic Center District

框架分析

历史变迁

2001　　　2005　　　2007　　　2012

宏观尺度对比

奥林匹克中心区　金融街　香港中环　东京银座　纽约中央公园

上位规划

上位规划确定本地块性质为体育用地

中轴线在北京城市中的定位

学生姓名：吕雪旸等　指导教师：陈闻喆、刘宇光

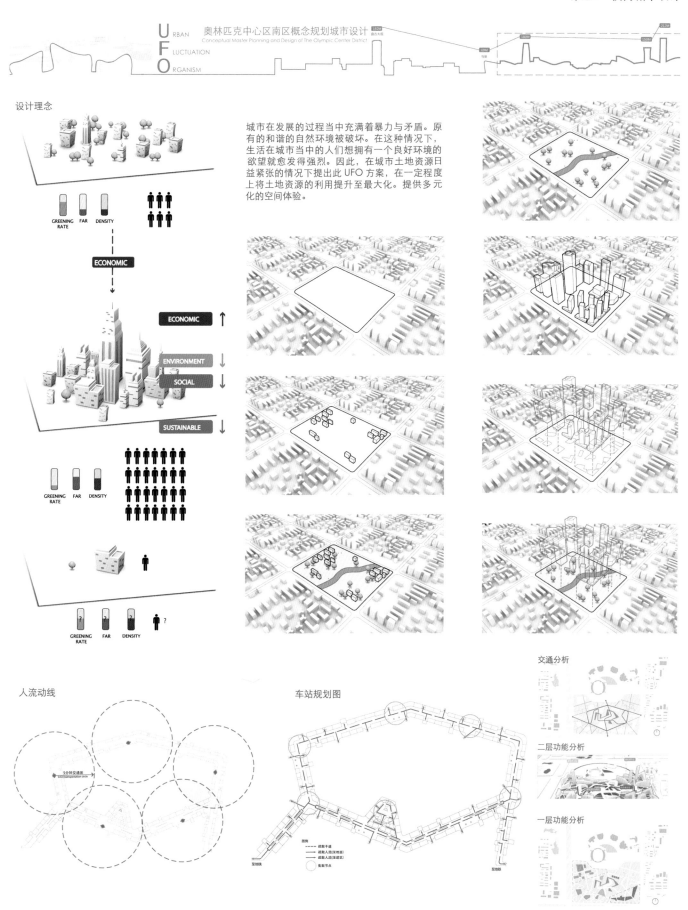

作业2 校内城市设计

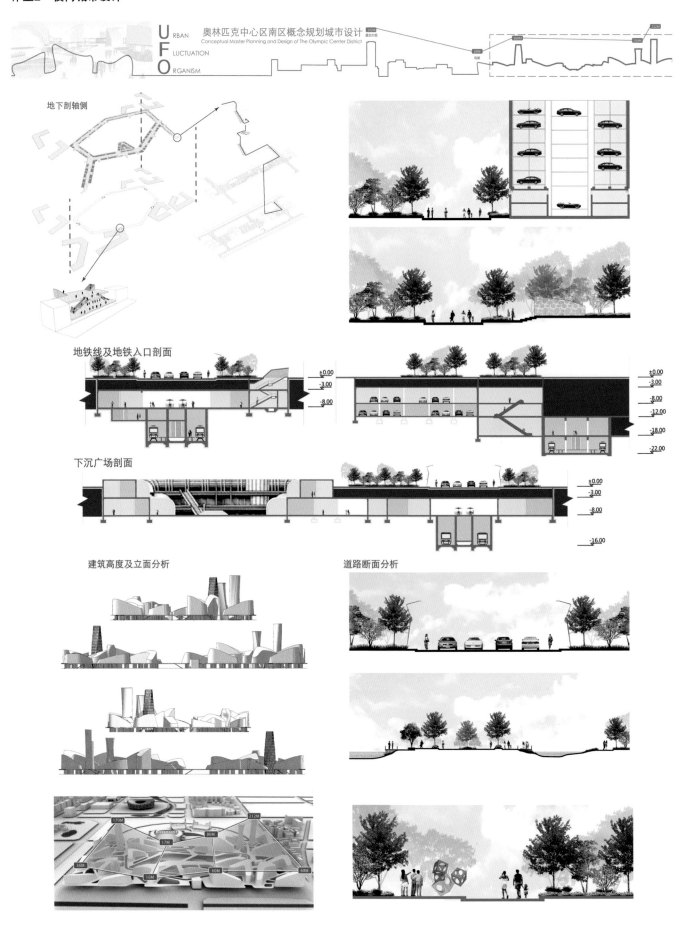

奥林匹克中心区南区概念规划城市设计
Conceptual Master Planning and Design of The Olympic Center District

U RBAN
F LUCTUATION
O RGANISM

地下剖轴侧

地铁线及地铁入口剖面

下沉广场剖面

建筑高度及立面分析

道路断面分析

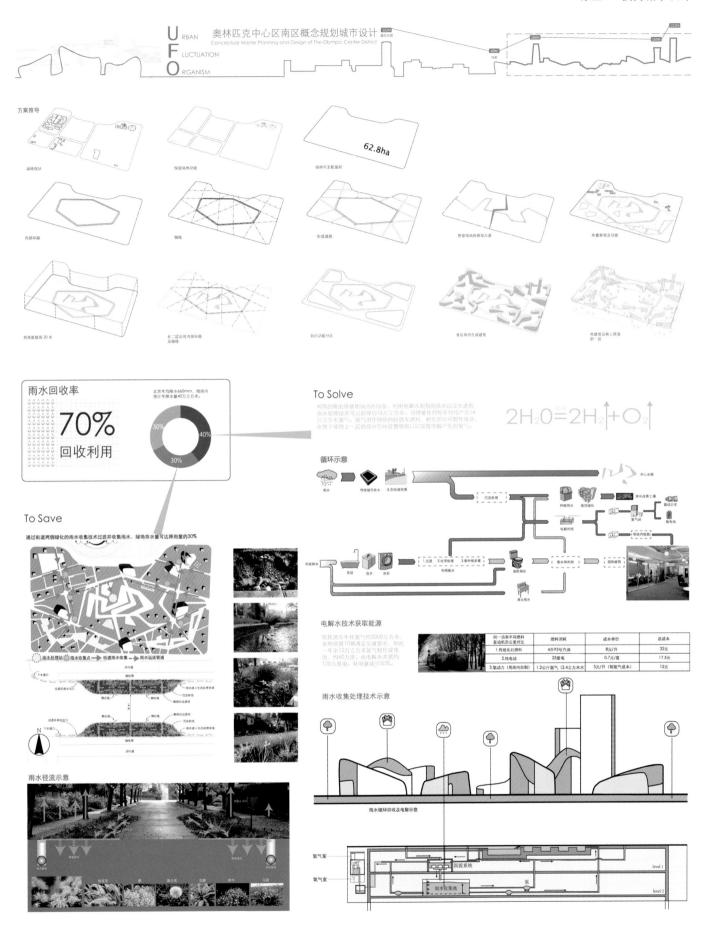

UFO
URBAN
FLUCTUATION
ORGANISM

奥林匹克中心区南区概念规划城市设计
Conceptual Master Planning and Design of The Olympic Center District

方案推导

62.8ha

雨水回收率

70%
回收利用

北京年均降水660mm，地块内预计年降雨量40万立方米。

30%　40%　30%

To Solve

40%的降雨将被地块内所回收。利用电解水制氢技术以及先进的雨水处理技术可以处理约16万立方米，对地块化制氢每年约可产生14万立方米氢气，氢气用作地块内轨道车辆供能。剩余部分可制作电池。在地下成地上一起的适当空间设置隔断口以安置电解产生的氧气。

$$2H_2O = 2H_2 + O_2$$

循环示意

To Save

通过街道两侧绿化的雨水收集技术过滤并收集雨水，绿地存水量可达降雨量的30%

电解水技术获取能源

同一功率不同燃料发动机百公里对比	燃料消耗	成本单价	总成本
1.传统汽化燃料	4升93号汽油	8元/升	32元
2.纯电动	25度电	0.7元/度	17.5元
3.氢动力（地块内自制）	1.2公斤氢气（2.4立方米水）	5元/升（制氢气成本）	12元

雨水收集处理技术示意

雨水循环回收及电解示意

雨水径流示意

奥林匹克中心区南区概念规划城市设计
Conceptual Master Planning and Design of The Olympic Center District

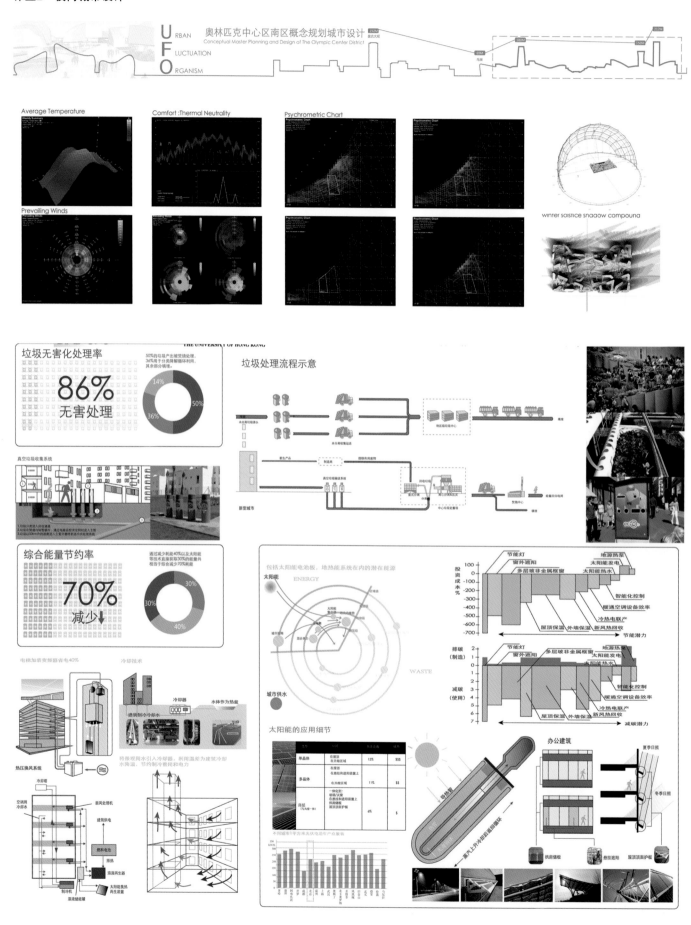

UFO
URBAN
FLUCTUATION
ORGANISM

奥林匹克中心区南区概念规划城市设计
Conceptual Master Planning and Design of The Olympic Center District

经济技术指标

功能板块	核心开发内容	建筑面积
商务办公区	方案创作工作室	307001.34
	证券交易中心	
	创新工场	
	国际会议中心	
	期货交易所	
	海关办公区	

功能板块	核心开发内容	建筑面积
度假酒店区	度假酒店（5星级）	414814.07
	会议酒店（4星级）	
	超星级酒店（6星级）	
	酒店式公寓（5星级）	
	国际商务公寓（4星级）	
	国宾馆/元首接待中心	
	国际一线品牌专卖	
	温泉疗养中心	
	星级会所	

功能板块	核心开发内容	建筑面积
综合商业区	酒吧	304036.93
	特色餐厅	
	艺术道具/模型商场	
	苹果 索尼专卖店	
	大型超市	
	室内商业街	
	名品咖啡厅	
	名品体验店	
	体育品牌factory	
	珠宝商城	
	游戏娱乐城	

功能板块	核心开发内容	建筑面积
体育文化区	电影院	243939.34
	艺术家沙龙	
	歌舞剧院	
	音乐厅	
	图书吧	
	室外剧场	
	儿童活动中心	
	星光大道文化娱乐街	
	室内运动场	
	健身中心	
	轮滑运动场地	
	屋顶游泳池	
	文化展示广场	
	体育器械城	
	教育培训	

照片拼贴图

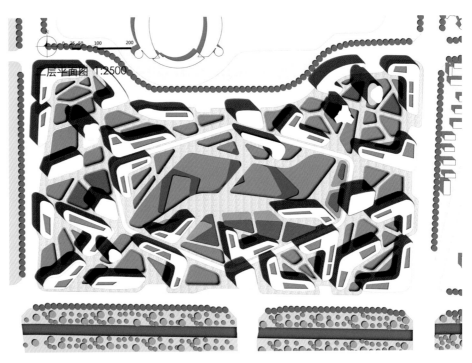

二层平面图 1:2500

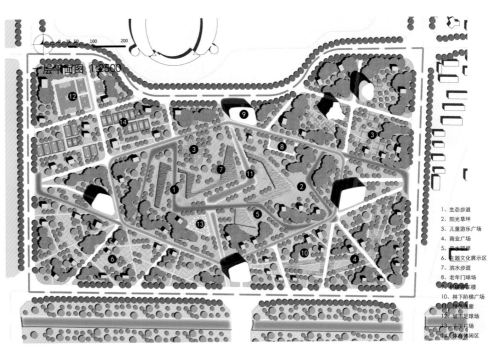

一层平面图 1:2500

1、生态步道
2、阳光草坪
3、儿童游乐广场
4、商业广场
5、亲水平台
6、主题文化展示区
7、滨水步道
8、老年门球场
9、老年活动楼
10、林下阶梯广场
11、休闲座椅
12、城市足球场
13、老年活动场
14、体育休闲区

作业2　校内城市设计

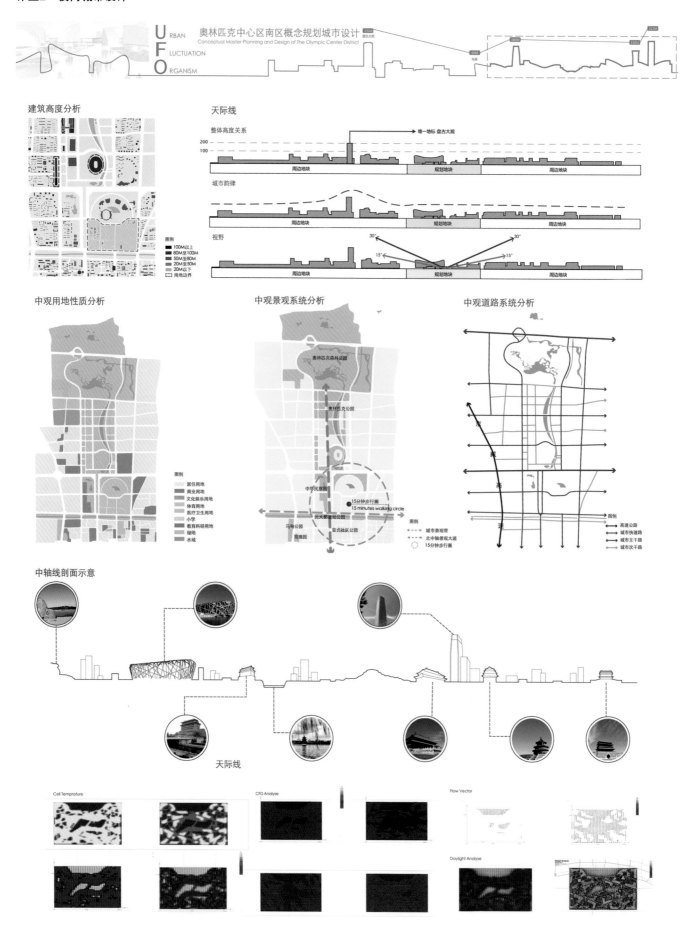

奥林匹克中心区南区概念规划城市设计
Conceptual Master Planning and Design of The Olympic Center District

URBAN
FLUCTUATION
ORGANISM

建筑高度分析

图例
100M以上
80M至100M
50M至80M
20M至50M
20M以下
用地边界

天际线

整体高度关系　　唯一地标 盘古大观

城市韵律

视野

周边地块　　规划地块　　周边地块

中观用地性质分析

图例
居住用地
商业用地
文化娱乐用地
体育用地
医疗卫生用地
小学
教育科研用地
绿地
水域

中观景观系统分析

奥林匹克森林公园
奥林匹克公园
中华民族园
15分钟步行圈 15 minutes walking circle
元大都遗址公园
马甸公园
玫瑰园
安贞社区公园

图例
城市景观带
北中轴景观大道
15分钟步行圈

中观道路系统分析

图例
高速公路
城市快速路
城市主干路
城市次干路

中轴线剖面示意

天际线

Cell Temprature　　CFD Analyse　　Flow Vector

Daylight Analyse

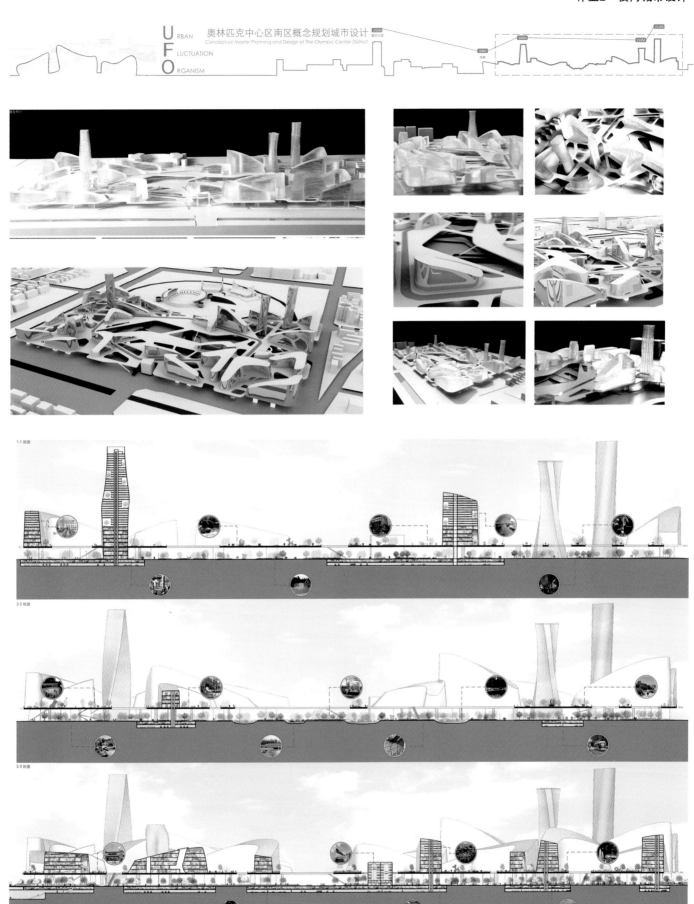

奥林匹克中心区南区概念规划城市设计
Conceptual Master Planning and Design of The Olympic Center District

U RBAN
F LUCTUATION
O RGANISM

01 珠连·碧合 ——中央民族大学新校区景观规划设计

< 项目背景

<< 区位分析 Location Analysis

北京在中国的位置

民大老校区：约38公顷　民大新校区：约81公顷

海淀区
丰台区

新老校区距离
约24公里

中央民族大学老校区坐落于北京海淀区，南邻国家图书馆，北依中关村科技园，占地面积37.8公顷。
新校区位于丰台区王佐镇魏各庄村，南至魏各庄路，北至规划云岗西路，东至西六环路辅路即青龙湖西路23号院，占地81公顷。

<< 历史沿革 Historical Evolution

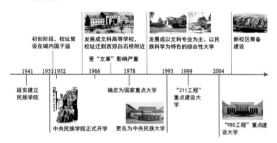

初创阶段，校址暂设在城内国子监
发展成文科高等学校，校址迁到西郊白石桥附近
受"文革"影响严重
发展成以文科专业为主、以民族科学为特色的综合性大学
新校区筹备建设

1941 1951 1952 1966 1978 1999 2004

延安建立民族学院
确定为国家重点大学
"211工程"重点建设大学

中央民族学院正式开学
更名为中央民族大学
"985工程"重点建设大学

<< 周边交通分析 Traffic Analysis

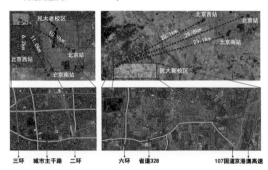

民大老校区
北京西站　北京站
北京南站
民大新校区

三环　城市主干路　二环　六环　省道328　107国道京港澳高速

< 老校区实地调研

<< 校园规划 Campus Planning

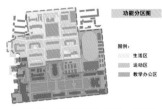

功能分区图

图例：
生活区
运动区
教学办公区

民大分区主要根据教学楼的使用功能确定，功能分区较为明确，主要包括：生活区、教学办公区、运动区。

道路交通分析图

图例：
人行路
车行路
停车场
出入口

民大校区道路结构为方格网，便捷性较高，但辨识性较低。出入口有三个，但相较于校园规模，主入口小。停车场设置远不能满足师生停车需求。

景观系统分析图

图例：
景观节点
景观轴线

民大景观系统中，从南到北，东西向第一条轴线为自然景观轴，第二条轴线串联起开敞空间。南北向的轴线为建筑景观轴。

建筑类型分析图

图例：
传统建筑
80-90年代建筑
现代建筑

民大校区建筑风格多样。传统建筑是以坡屋顶、红梁灰砖瓦为风格。80-90年代建筑以平屋顶、灰色砖块为风格。现代建筑是以体量大，外观气势恢宏为风格。

建筑高度分析图

图例：
低层建筑
中层建筑
高层建筑

民大校区建筑的高度呈多种模式，以礼堂为代表的坡屋顶建筑，1~3层；以文华楼及部分宿舍楼为代表的平屋顶建筑，3~6层；以文华楼为代表的现代建筑，高度>6层。

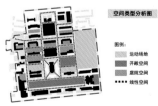

空间类型分析图

图例：
运动场地
开敞空间
庭院空间
线性空间

空间类型如下：开敞空间用于全校以及校外人群，不从属任何建筑物；庭院空间与建筑关系最为紧密，使用人群固定；线性空间具有明确的方向性，是各类空间的联系纽带。

空间使用频率图

图例：
使用频率低
使用频率一般
使用频率高

民大空间类型多样，但空间使用率相差很大：运动空间和开敞空间较为满足师生活动需求，使用率最高，庭院空间由于缺乏设施，缺少设计而使用率很低。

植被分布分析图

图例：
乔、灌、地被活布置区
高大乔木为主的规整布置区

校园植被普遍是以北方常绿植物为主。植物配置采用点线面结合方式。生活区以灵活布置为主要景观特色，教学办公区以庄严、沉稳为主要景观特色。

<< 空间分析 Public Square Analysis

①入口空间

24m

规模：约0.2公顷
形式：三面建筑围合，周边建筑的围合感对入口起强调作用，但在此类规模的校园内，主入口设置偏小

②开敞空间

规模：约1.6公顷　形式：道路围合
手法：整体呈带状，由东到西穿插着小空间，整体采用对称手法，空间相似，较为乏味

入口空间

开敞空间

③庭院空间

10m

30m

15m

10m

规模：约0.07~0.2公顷
形式：建筑围合产生的庭院空间
手法：建筑高度、布局不同产生不同尺度的空间效果，但空间营造手法相同，在空间中心设置硬质场地，周边配置植物对场地加以围合，空间布置类似，实用性差

<< 植被分析 Vegetation Analysis

①门前区

②生活区

③道路绿化

干道绿化　小径绿化

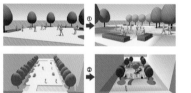

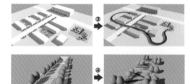

民大校园门前区缺少相应的植物配置
生活区以自由式的群植配置方式为主，分为2种模式。高大落叶乔木起遮阴作用，周边低矮灌木起观赏作用。
干道绿化外侧留有带状绿地，配置地被植物或灌木。小径起美化作用，路段不同可种植不同品种。

④教学科研区

孤植　对植（行道树、树阵）　群植

教学科研区采用孤植、对植、群植的综合配置方法。场地中间采用孤植配置高大乔木，起统领空间作用；小路或场地配置乔木，形成行道树或树阵；周边绿地采用群植营造树林草坪；形成规整与自由的综合模式。

<< 老校区问题及策略

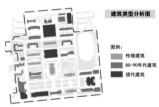

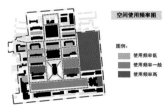

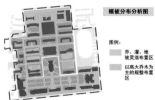

① 老校区问题：场地分区不合理，人的行为活动较为混乱
改进策略：根据人们的不同活动行为，对场地进行合理分区，形成动静分区的空间形态。

② 老校区问题：校园空间在不同功能分区中区分度不够，教学区与生活区的景观极为相似。
改进策略：分析各功能分区使用特点，提高空间区分度。

③ 老校区问题：校园开敞空间通过车行系统连接，缺少独立的人行系统。
改进策略：设计架空人行系统，连接校园内的开敞空间。

④ 老校区问题：景观轴线的细部设计较为单调，没有突出其重要性。
改进策略：增加轴线上的景观元素并且使用比较鲜艳的色彩来突出轴线的重要性。

02 珠连·碧合——中央民族大学新校区景观规划设计

<< 新校区实地调研

<< 校园规划 Campus Planning

建筑布局图

图例：
- 建筑
- 规划范围

民大新校区仍采用"坐北朝南"的布局形式，根据建筑的形态、形式可以分成不同的建筑群，建筑密度比老校区小。

建筑高度图

图例：
- 12m
- 15m
- 18m
- 24m
- 规划范围

民大新校区的建筑高度差距较小，与老校区20多米的高度差距相比，建筑体量协调，最高为图书馆的24米，起到整个校园的统领作用。

空间分类图

图例：
- 运动空间
- 庭院空间
- 开放空间
- 线性空间
- 规划范围

民大新校区的空间种类与老校区相同，但空间规模整体比老校区大。新校区增加了更为集中的中央场地和体现校园文化的线性空间。

功能分区图

图例：
- 生活区
- 运动区
- 教学综合区
- 休闲区
- 形象礼宾区
- 学科院系区
- 规划范围

民大新校区分区明确，形象礼宾区呼应老校区轴线关系，增加了两片休闲区，丰富学生活动。

道路规划图

图例：
- 城市道路
- 车行路
- 步行路
- 停车
- 规划范围

校区采用中环加外环路的组合模式，环路内保证人车分流。校园外围及次干道周边规划了停车位，采用地下和地上共同停车的方式。

规划结构图

图例：
- 轴线
- 规划节点
- 规划范围

通过建筑与景观围合的街区化及院落化的空间模式，综合利用地形地貌，廊院结合等设计方式来达到功能、社会、生态、心理等的互动性。

< 方案提出

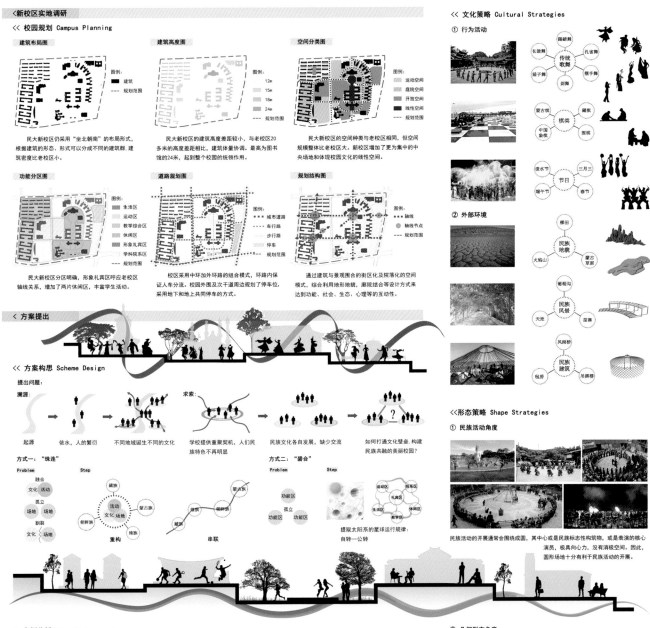

<< 方案构思 Scheme Design

提出问题：

溯源：

起源 → 依水，人的繁衍 → 不同地域诞生不同的文化

求索：学校提供重聚契机，人们民族特色不再明显 → 民族文化各自发展，缺少交流 → 如何打通文化壁垒，构建民族共融的美丽校园？

方式一："珠连"

Problem: 融合/文化·活动, 孤立/场地·场地, 割裂/文化·场地

Step: 藏族、蒙古族、朝鲜族、维族 / 活动·文化场地 / 重构

串联

方式二："碧合"

Problem: 功能区/孤立/功能区

Step: 运动区、居系区、礼宾区、生态区、教学区、休闲区

提取太阳系的星球运行规律：自转—公转

<< 案例分析 Example Analysis

案例一：纽约高线公园

位于纽约的曼哈顿，原是废弃的铁路货运专用线，2006年对高线进行了重建。新生的高线公园创造出多样的**空间体验**。它以城市**空中花园**一样的形式穿行于都市之中。

案例二：美国芝加哥千禧公园步行桥

位于千禧公园东侧，与相邻的格兰特公园相连。桥身精巧，**用料讲究**。不锈钢蛇形桥体在材质、造型语言上与雕塑化的露天剧场舞台顶棚形成整体视觉相呼应。

案例三：郑州大学

两条轴线贯穿了整个水景区设计构思——沿历史轴线布置多个体现地方文化的休闲广场，突出文化性**历史轴线**。水岸西侧改造成自然缓坡草甸，构建一条充分体现黄河流域特色的**湿地生态景观轴线**。

案例四：美国加州Foothill学院

坐落于加州硅谷，校园特色包括一个中央树林，中央树林中采用**微地形设计**，使绿化与道路形成交错网络，大大增强了人与植物的**互动性**，也为场地增添了活力。

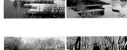

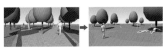

<< 文化策略 Cultural Strategies

① 行为活动

传统歌舞：长鼓舞、狮子舞、剑舞、踢踏舞、孔雀舞、摆手舞

棋类：蒙古棋、中国象棋、国际象棋、围棋、摔棋

节日：泼水节、端午节、三月三、春节

② 外部环境

民族地貌：梯田、火焰山、蒙古草原

民族风貌：葡萄沟、天池、苗寨

民族建筑：风雨桥、毡房、吊脚楼

<< 形态策略 Shape Strategies

① 民族活动角度

民族活动的开展通常会围绕成圆，其中心或是民族标志性构筑物，或是表演的核心演员，极具向心力，没有消极空间。因此，圆形场地十分有利于民族活动的开展。

② 几何形态角度

圆是一种曲面的形态，以最短的周边闭合成最紧凑的形状，具有向心、集中的特点，表现出收敛、含蓄的美，可以满足人们多角度审美的要求。完整的圆形的圆周上每一点的视觉引力都是均衡的，是一种运动形象，直接的心理对应是活泼、柔和、圆润、亲切、安全、圆满的感觉。

圆在景观设计中的表现手法有以下四种：分别是切割、错位、透选和群化。

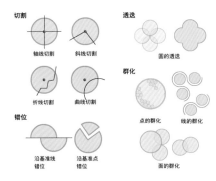

切割：轴线切割、斜线切割、折线切割、曲线切割

透选：圆的透选

群化：点的群化、线的群化、面的群化

错位：沿基准线错位、沿基准点错位

03 珠连·碧合 ——中央民族大学新校区景观规划设计

LANDSCAPE DESIGN
总平面图
General Layout | 景观设计

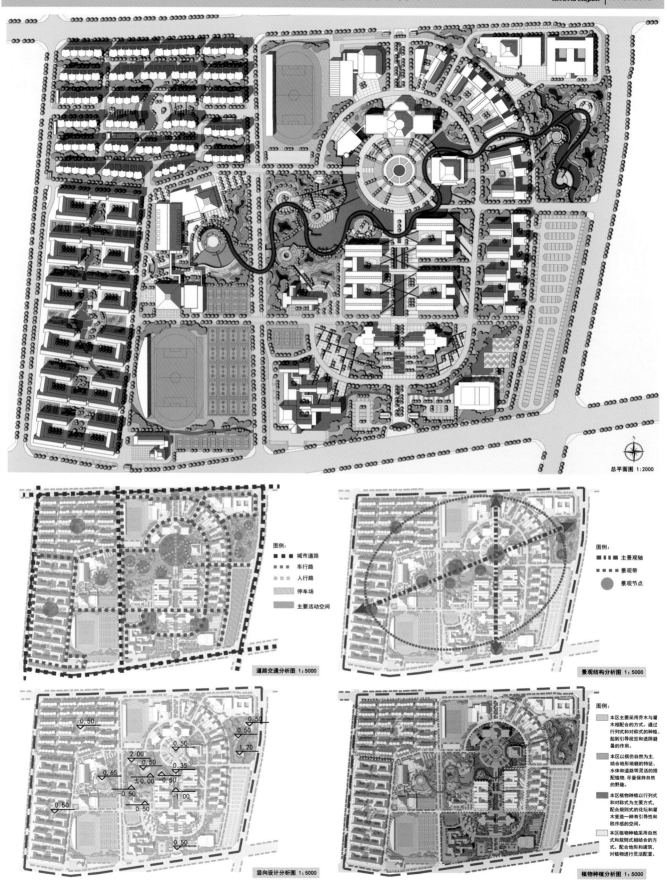

总平面图 1:2000

图例：
- 城市道路
- 车行路
- 人行路
- 停车场
- 主要活动空间

道路交通分析图 1:5000

图例：
- 主景观轴
- 景观带
- 景观节点

景观结构分析图 1:5000

竖向设计分析图 1:5000

图例：
本区主要采用乔木与灌木相配合的方式，通过行列式和对称式的种植，起到引导视觉和遮阴避暑的作用。

本区以模仿自然为主，结合地形地貌的特征、水体和道路等灵活的搭配植物，尽量保持自然的野趣。

本区植物种植以行列式和对称式为主要方式，配合规则式的花坛和灌木营造一种有引导性和秩序感的空间。

本区植物种植采用自然式和规则式相结合的方式，配合地形和建筑，对植物进行灵活配置。

植物种植分析图 1:5000

04 珠连·碧合——中央民族大学新校区景观规划设计

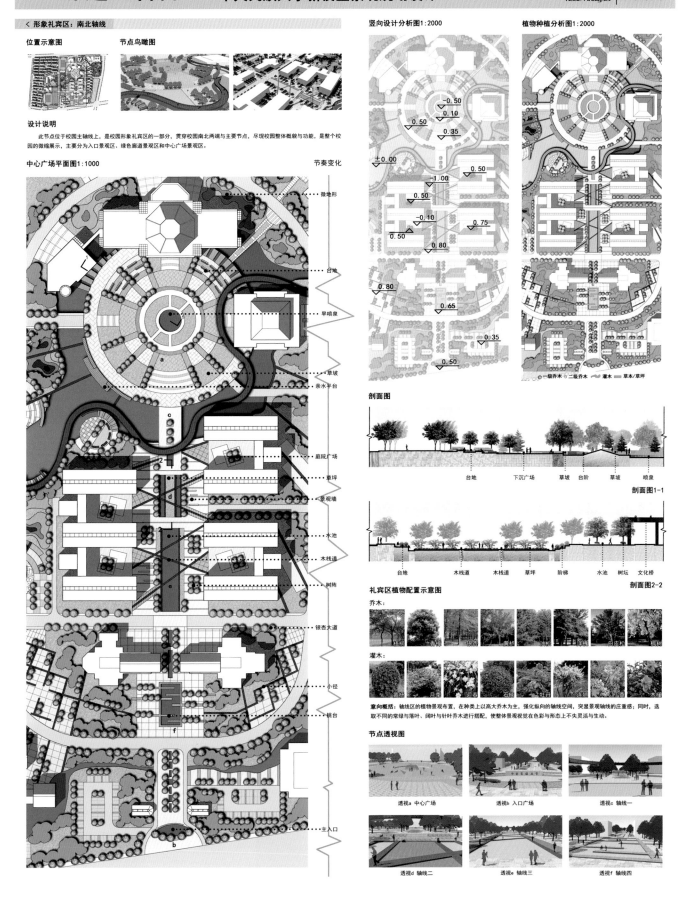

《 形象礼宾区：南北轴线

位置示意图　**节点鸟瞰图**

设计说明

此节点位于校园主轴线上，是校园形象礼宾区的一部分，贯穿校园南北两端与主要节点，尽现校园整体概貌与功能，是整个校园的微缩展示，主要分为入口景观区、绿色廊道景观区和中心广场景观区。

中心广场平面图1:1000　　　　　　　　　　节奏变化

微地形
台地
旱喷泉
草坡
亲水平台
庭院广场
草坪
景观墙
水池
木栈道
树阵
银杏大道
小径
眺台
主入口

竖向设计分析图1:2000　　**植物种植分析图1:2000**

一级乔木　二级乔木　灌木　草本/草坪

剖面图

台地　下沉广场　草坡　台阶　草坡　喷泉

剖面图1-1

台地　木栈道　木栈道　草坪　阶梯　水池　树坛　文化桥

剖面图2-2

礼宾区植物配置示意图

乔木：

灌木：

意向概括： 轴线区的植物景观布置，在种类上以高大乔木为主，强化纵向的轴线空间，突显景观轴线的庄重感；同时，选取不同的常绿与落叶、阔叶与针叶乔木进行搭配，使整体景观视觉在色彩与形态上不失灵活与生动。

节点透视图

透视a 中心广场　　透视b 入口广场　　透视c 轴线一

透视d 轴线二　　透视e 轴线三　　透视f 轴线四

学生姓名：谷韵、姜楠、于洋　指导教师：魏菲宇　107

北京市大兴区魏善庄镇总体规划（2014-2030）
COMPREHENSIVE PLANNING OF WEISHANZHUANGZHEN

一. 项目来源

《魏善庄镇总体规划2014-2030》是北京市大兴区委研究室正在进行的《北京市大兴区魏善庄镇战略发展研究》的一个咨询性的支撑成果，旨在对《北京市大兴区魏善庄镇战略发展研究》提出相应的空间规划发展策略，使文本性的《北京市大兴区魏善庄镇战略发展研究》成果具有空间规划的可行性、可操作性，从而使《北京市大兴区魏善庄镇战略发展研究》更加丰富，成果更加生动、直观。

二. 规划前期研究

2.1 规划背景与城乡发展现状特征

2.1.1 规划背景

北京市总体规划：新一轮的北京市总体规划指出，北京的东部、南部及西南部平原地区，是北京建设条件最好的地区，该地区有北京通往东北、华北、华南等重要经济区的交通要道，城市发展的限制性因素少，适于大规模的人口和产业集聚；东部和南部平原地区是城市发展的主要方向。规划强调生态环境保护策略。规划强调重点镇和一般镇是推动北京城镇化的重要组成部分，为适应现代国际城市的建设目标，要实施以新城、重点镇为中心的城镇优化战略。

大兴新城总体规划：针对大兴土地利用的特点，结合"中部一体、东西两翼、产业集群、城镇组团、生态融合"的城市空间结构，着力构筑"北城南田、两核四带五中心"的土地利用总体格局。北城指以城镇建设用地为主的北部地区，南田指以耕地和基本农田为主的南部地区。"两核"即大兴新城与亦庄新城；"四带"即京开高速公路沿线综合产业带、京沪高速公路沿线高新技术产业带、永定河绿色生态产业带、南中轴路创意文化产业带；"五中心"即庞各庄镇、榆垡镇、安定镇、采育镇和魏善庄镇等五个重点镇。

北京城镇空间结构　　大兴新城空间结构　　大兴区"十一五"产业发展区

2.1.2 城乡发展现状特征

（1）产业分析

可以看出第一产业经历了24%-24%-19%-14%-13%所占总产值逐渐减少的过程，第二产业经历了75%-75%-80%-85%-86%的逐渐增加的过程，而第三产业始终保持在1%比例左右，说明魏善庄镇产业正在从第一产业逐渐向第二产业过渡，第三产业较慢发展，现在正处于二、三、一的过程，下一步要逐渐向三、二、一过渡发展。魏善庄镇的一产正在缓慢发展，二产正在突飞猛进，二产正在缓步接受于一产人力物力，而三产经过一个较大发展后，慢慢进入瓶颈区，继续一次强有力的刺激来进一步加强三产发展，带动魏善庄镇居民向水平的提高。

（2）周边产业结构发展条件分析

大兴区发展采用双核驱动（大兴新城与亦庄新城），四带集聚（京开高速公路沿线综合产业带、京沪高速公路沿线高新技术产业带、永定河绿色生态发展带、南中轴路创意文化产业带），中心联动（庞各庄镇、榆垡镇、安定镇、采育镇和魏善庄镇）的发展策略。周边城镇中，在生态农业产业方面，庞各庄镇、魏善庄镇、采育镇形成生态农业发展轴，其所能达到的集聚效应定安镇、青云店镇辐射，产生极核效应。

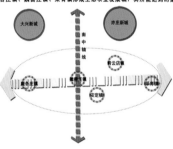

S 优势

区位优势

魏善庄镇位于北京市南中轴的延长线，城市六环路和北京东南部过境通道之间，西侧紧邻北京南苑机场，北部靠近南苑机场，距离适中，特别是与新城联系紧密，比较适合发展城镇产业和商品贸易，具有良好的产业及城镇建设条件。

交通优势

磁北大路作为北京市南中轴线的延长线，强化了城镇与北京市区的南北向联系。京山铁路和京九铁路在魏善庄镇域内通过并设有车站。

其他优势

魏善庄镇地势平坦，地址条件良好，建设用地条件优越，劳动力资源丰富；魏善庄镇旅游资源较好；魏善庄是大兴区重要的副食品生产基地。

O 机遇

2016年月季大会将在魏善庄召开；京月季大会配套服务设施的修建；对农业观光旅游的影响；首都第二机场的建设将辐射大兴南部三个重点镇，为魏善庄镇南部的商贸、商务、基础设施建设提供条件。

W 劣势

没有形成明确集中的镇区

魏善庄镇历史上没有明确集中的镇区，原有的两个乡——魏善庄乡和半壁店乡的政府分别位于北部的魏善庄村和南部的半壁店村。

区域整合问题

半壁店乡与魏善庄乡合并之后，两个乡镇之间的整合需要一个过程。魏善庄镇内有高压走廊、铁路（京山铁路和京九铁路）、铁路编组站等大型基础设施穿越，带来便利的同时也分割了区域内用地；镇域内还有一些外单位用地，也存在区域整合问题。

生态环境问题

魏善庄镇水资源比较欠缺、环境保护问题比较敏感，森林公园、大龙河、小龙河河流淡水属于区域生态敏感区，必须注意经济发展与环境保护之间的关系。

T 挑战

与周边庞各庄镇、安定真、青云镇产业重叠，相互竞争。机场辐射能量将榆垡镇、礼贤吸收殆尽，影响位置。

现状调研实景

魏善庄区位分析

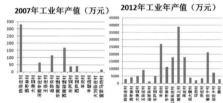

2007年工业年产值（万元）　　2012年工业年产值（万元）

魏善庄镇工业产值对比

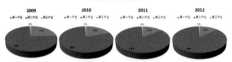

2009　　2010　　2011　　2012

2009～2012年魏善庄镇产业结构对比

2012年产业结构

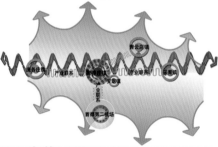

周边城镇发展条件分析

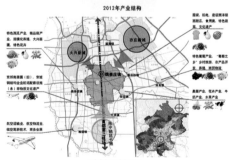

上版规划城镇功能结构规划

　　学生姓名：张秋扬、张琬乔、李晓龙、徐凯扬　　指导教师：陈晓彤

北京市大兴区魏善庄镇总体规划（2014-2030）
COMPREHENSIVE PLANNING OF WEISHANZHUANGZHEN

（3）镇域用地扩展情况

自2004年到2014年10年间，镇域建设用地增长量高达658.55公顷。自2004年到2014年10年间，魏善庄镇镇区建设用地增长量高达55.68公顷，占镇域建设用地增长量的8.45%。

2004年镇域建设用地

2007年镇域建设用地

2014年镇域建设用地

2004年、2007年、2014年魏善庄镇镇乡建设用地扩展情况

	2004年	2007年	2014年
镇域建设用地总量（公顷）	1545.3	1785.76	2203.85
镇区建设用地总量（公顷）	149.39	162.46	205.07

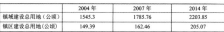

2007年魏善庄镇镇域现状图　　2014年魏善庄镇镇域现状图

城镇建设空间平均扩展率特征：镇域建设用地：2004~2007年每年平均增长速度高于2007~2014年每年平均增长速度；镇区建设用地：2007~2014年每年平均增长速度高于2004~2007年每年平均增长速度；2007~2014年间，魏善庄镇镇区建设用地增长比重迅速，成为镇区建设的主体空间。

魏善庄镇建设用地平均扩展率	2004~2007年	2007~2014年
镇域建设用地平均扩展率	5.19%	3.34%
镇区建设用地平均扩展率	2.92%	3.75%

将不同时段城镇建设用地扩展量与本时段初始年建设用地总量相比较，除以平均年年限，得出不同时段城镇建设用地的平均扩展率。

魏善庄建设用地变化图

2004年魏善庄组团镇区

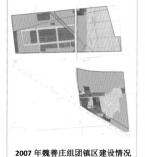
2007年魏善庄组团镇区建设情况

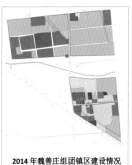
2014年魏善庄组团镇区建设情况

2.2 上版规划评价

上版规划综合考虑魏善庄镇的总体情况，形成"一轴两带一中心"的功能结构。规划分为五个组团，镇区组团：镇区范围内的新媒体、居住服务、物流仓储；半壁店新媒体组团；镇南的新媒体发展组团；服务镇政府的服务组团；农副产品贸易：以现状为基础，扩大发展的南部贸易；森林公园旅游服务组团：以森林公园，星明湖度假村为基础的组团。

综合评价上版规划：上版规划对魏善庄镇的建设和发展起到了积极的指导作用。城镇的道路骨架、用地布局、基础设施建设基本按照规划进行，但由于多种原因限制，上版规划暴露出来的问题：
（1）上版规划对于魏善庄北镇北新媒体产业的定位承接了大兴新城的功能空间安排。但对于新形势下，北京大兴国际机场即将建成，机场7~15公里的这个黄金发展阶段的机遇预测处于空白阶段；
（2）上版规划中规划铁路预留编组站用地成为阻碍魏善庄向南的重要因素；
（3）随着小城镇新的发展机遇的到来，特别像娱乐服务、文化旅游、有机农业这样新兴产业的引入，需要在规划中针对城乡空间特点进行谋划布局。

因此大都市区域基础设施的建设项目对于其周边小城镇的产业带动发展潜力巨大，新一轮的城乡总体规划修编应该对此作出回应，这也是本次规划需要重点解决的问题。

三、规划发展策略

3.1 本次规划修编重点
（1）明确战略定位，架构城乡空间；（2）应对航程机遇，明确发展目标；（3）优化产业结构，引导产业集聚；（4）统配基础设施，均等化公共服务；（5）协调用地布局，促进城乡融合；（6）挖掘地域资源，发展生态产业。

3.2 规划案例
针对未来大兴国际机场的落实，借鉴现有临空经济区北京首都国际机场、广州临空经济区的产业定位及其对周边区域的影响，对魏善庄镇南部产业发展提供样本。以霍华德田园城镇的指导思想，强调田园与城镇的有机结合，把田园城市想像成作为人口在50000人以上的中心城市，依靠公路和铁路连接的卫星城。符合小城镇人口规模等级，在魏善庄镇域与镇区用地布局时，考虑城乡用地融合，提供生态与人为融合的小城镇景观。

3.3 规划策略
3.3.1 预留编组站规划研究
编组站是办理大量货物列车的解体、编组作业，并设有比较完善的专门调车设备的车站。
编组站布局原则：（1）一般应设在铁路干线汇合处，且位于主要车流方向短顺的干线上；（2）以最短的路径迅速通过；（3）要尽量靠近服务的地区。
区域性交通线路应在城市与城市间或城市中各组团间通过，尽量少占城镇用地，尤其少占良田。铁路转弯平曲线半径根据铁路线路等级要求不同，一级铁路线路转弯极限半径大于800米，一般大于1000米。
上版规划铁路预留编组站的所有线路：

线路1：九龙至北京方向的线路

线路2：北京至九龙方向的线路

线路3：东西向至通州的线路

上位规划预留编组站的不合理之处：
（1）编组线路曲折，不符合邻近铁路干线交汇处以及线路短捷顺直的特点，预留编组站将占用大量良田用地；
（2）编组站选址是承载北京农业安全格局和生态文化景观的重要基础，保护一般农田及基本农田应作为重要内容；
（3）不符合规划中对于区域交通线路应该从城市与城市间或城市中各组团间穿过的特点，应尽量少从城市间穿过。
本次规划编组站的特点：
（1）编组线路顺直，符合邻近铁路网选址特点；
（2）节省用地，为魏善庄未来南部发展扫除障碍，编组站将不再是阻碍魏善庄南部发展的门槛；
（3）与左侧庞各庄镇用地之间可形成产业协同发展，避免庞各庄镇与魏善庄镇形成同类产业的竞争；
（4）由编组站迁移带来的防护绿地成为大兴区生态屏障体系的一部分，结合东北西南风向，楔形绿地插入魏善庄，打造现代田园新市镇；
（5）京九铁路与京沪高速交汇的三角地带可利用价值不大，农田分布零散。

3.3.2 镇域南部空间重点发展策略
以上分析得出大兴国际机场对于魏善庄发展具有强大的极核吸引作用，预留编组站用地的迁移为镇域南部发展提供了大量发展空间，本次规划应以以上变化，重点发展魏善庄镇域南部空间。

北京首都国际机场
周边小城镇由以农业为主的功能转变为：
（1）天竺经济开发区，涵盖商务、会展、工业、出口加工；
（2）航空物流；（3）工业园区。
由下图可以看出，由国门商务区与空港自身的距离最为接近，可以说是镶嵌其中，其次便是物流用地，紧邻空港，之后是出口加工区域和会展中心。而最远端的则是传统工业用地。
但存在的问题：
（1）尚未显现高端功能定位与临空特色；
（2）过于依赖大项目和大企业的带动作用，特别是汽车工业领域和空港基础设施建设；
（3）科技创新能力不足，现代服务业发展滞后。

广州临空经济区
结合空港经济的圈层发展模式，将广州临空经济区规划为核心区和拓展区两个范围边界。核心区内的产业选择需要重点考虑，强调产业的临空指向性和将产业位于产业链高端。
广州临空经济区的空间布局从自身潜力出发，考虑机场噪声因素和航空限高，根据临空经济区空间聚集性的特征，采用"集群发展、组团布局"的模式，布局17个组团空间，包括现代服务业组团、先进制造业组团、航空物流组团、休闲娱乐组团等。在核心区形成临空指向性的产业空间；外围的拓展区为核心区的发展预留了一部分用地，对现有的产业空间也进行梳理，促使产业的不断升级。

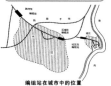
编组站在城市中的位置

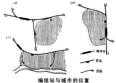
编组站与城市的位置

规划预留编组站用地在大兴新城的位置　　规划预留编组站在魏善庄的位置

本次方案应对未来大兴国际机场的机遇，同时考虑将镇域南部预留铁路编组用地迁移，为镇域南部带来大量发展空间。由以上条件，形成本次规划的特色：应对**新航程的落位**，**重点发展镇域南部空间**。形成左图的产业结构发展策略：
第一产业应发展农业、观光农业；第二产业要依托新媒体产业基地发展，促进现状企业的升级转型、集聚发展。在第三产业方面，合理布局各培训产业、现代商贸业、旅游服务等，促进城镇持续健康发展。最终使魏善庄综合经济实力跻身于区域发展的前列，带动区域整体发展。

产业结构发展策略

北京市大兴区魏善庄镇总体规划（2014-2030）
COMPREHENSIVE PLANNING OF WEISHANZHUANGZHEN

四、城乡统筹规划

用地现状图

镇域道路系统现状图

自2004年到2014年10年间，镇域建设用地增长量高达658.55公顷。

自2004年到2014年10年间，魏善庄镇镇区建设用地增长量高达55.68公顷，占镇域建设用地增长量的8.45%。

从2004年到2007年，农村居民点建设用地的扩大表现在农村宅基地范围的扩大，村庄道路增加；而从2007年到2014年农村居民点建设用地面积增加，很大程度上是由于用地一般农田变更为农村服务设施用地引起的，农村宅基地用地面积没有明显变化。

独立设施及外单位用地从2004年到2007年扩张面积增多，主要是新增了较多工业用地、森林公园、度假区、别墅和特殊用地；2007年到2014年，部分二类工业用地趋于集中，零散面积缩小。

从2007年到2014年，基本农田面积变化不大，一般农田面积减少，且多数是分散的、位于独立设施及外单位用地周边的一般农田转变为其他用地性质，使得2014年镇域用地现状中，一般农田较之前相对集中，集中的、较大面积的一般农田多在半壁店组团和镇区周边。

从2004年~2014年的10年间，农村居民点人均建设用地均高于全国小城镇农村居民点人均建设用地标准的150平方米/人，且在2007年到2014年人均建设用地较2004年增高27.4%。2004年至2007年农村居民点建设用地增幅达40.56%，而乡镇人口仅从34528人增加到39820人，增幅为15.32%，因此农村居民点建设用地增幅是相应范围内人口增幅的2.65倍，远超过国际上1.12倍的安全线标准。

魏善庄镇主要对外交通设施为南北向的磁大路、东大路、魏石路、伊河路、高河路、京九铁路及西北东南走向的京山铁路。

磁大路：为北京市南中轴线路，自北向南从魏善庄镇中部通过，为市道，一级公路。

东大路（团和路）：自北向南从魏善庄镇西部通过，是大兴区西部地区乡镇间的一条主要通道。

魏石路：从镇区向南通往礼贤镇。

伊河路：沿北芦厂灌渠向北至瀛海镇。

高河路：向北至瀛海镇。

后查路：向东至青云店镇，部分路段经过旱河。

庞安路：东西向于镇域南部穿越，西至庞各庄镇，东至安定镇，是一条二级公路。

京山铁路：自北京站至唐山火车站，从魏善庄西北向东南通过，设有魏善庄车站。京山铁路主要承担北京至唐山方向的过境客货运输。

刘里路：东西向穿越镇域，西至庞各庄镇，东至青云店镇，下穿式与京山铁路相交。

黄徐路：沿京山铁路北侧，西北至大兴新城，东南至安定镇，是一条二级公路。

京九铁路：从镇域西部穿过，设有车站。

镇域内部交通主要依靠西刘路、新黄徐路、李刘路、王查路、河南路、后顺路及各种田间支路联系。

产业现状分析图

镇域公共设施现状图

镇域市政设施现状图

空间管制图

魏善庄镇的城镇经济伴随着国家改革开放的步伐和北京市城市经济的发展稳步发展，进入二十一世纪以来，经历了乡镇企业的初期发展阶段和结构调整阶段，到2008年达到一个阶段性的高点，随后进入调整期。2008年以后，城镇经济迎来稳步发展时期，由于奥运会成功举办、大兴区机场的带动与推动作用，城镇经济的活力明显显著，特别是近两年来，随着北京城市中心地区对周边地区的辐射作用和带动作用的增强，特别是南部交通环境的迅速优化，城镇经济出现了较为强劲的发展势头，一、二、三产业同步发展，财政税收明显增加，带动了城镇建设和各项公共事业的发展步伐。

现状公共设施相较于本地居民数量来说较为缺乏，并且分布不均匀，不能使镇域内居民享受到公共设施完善所带来的福利。

大部分公共设施，如学校、医院等大部分集中在镇区内，居民上学看病等活动必须到镇区才能完成。

而且有很大一部分对公共设施布置有利的自然资源未能得到充分利用，如森林公园等。

坚持城镇发展以基础设施为先导的方针，市政基础设施建设适度超前，优先发展。到2020年建成安全、高效的现代化市政基础设施体系，重视水资源供给、能源供应、信息通讯安全，为城乡各项事业的发展、特别是旅游产业发展提供支撑和保障。

按照人口规模预测，并考虑到影响魏善庄人口集聚的多方面因素及其不确定性，为适应北京市和大兴区社会经济的快速发展，特别是保障新媒体基地的各项市政需求，本次规划的基础设施等相关指标按镇域范围7万人、镇区范围4.5万人预留。

禁止建设区：禁止建设区域，一般在规划中为了起到保护、安全、景观等目的，实施的一种规划手段。

限建区：生态重点保护地区，根据生态、安全、资源环境等需要控制的地区。

适建区：已划定为城市建设使用地的范围，需要合理确定开发模式和开发强度。

已建区："城市建成区"的简称，是指城市行政区内实际已成片开发建设，市政公用设施和公共设施基本具备的地区。

　学生姓名：张秋扬、张琬乔、李晓龙、徐凯扬　指导教师：陈晓彤

北京市大兴区魏善庄镇总体规划（2014-2030）
COMPREHENSIVE PLANNING OF WEISHANZHUANGZHEN

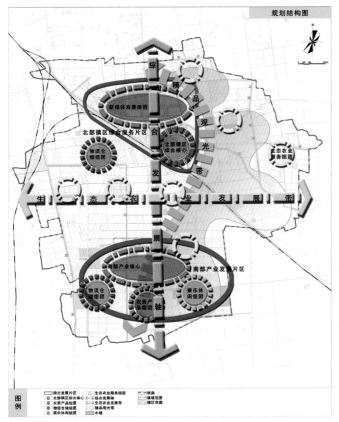

规划结构图

用地规划图

镇域整体空间布局：

魏善庄镇镇域空间形成"一轴两带双片区"的结构。

"一轴"：区域发展主轴线依托南中轴线大路。其北部连接大兴新城，南部连接未来大兴国际机场，作为一级发展轴。未来魏善庄镇的发展将依托大兴新机场的机遇，形成机场次级产业配套核心，远期可扩大发展为机场一级产业配套中心。原北部镇区进一步扩大新媒体发展组团和镇的综合服务的功能。

"两带"：重点培育东西向生态农业发展带，次要品精品观光带。通过房黄赤连通线的建设，打通庞各庄镇、采育镇与魏善庄镇的联系，建设生态农业服务组团的优势，强化魏善庄镇自身月季、精品梨的发展。精品观光带打造月季主题园、精品梨特色产业，形成一二三产全服务体系，结合自行车大道、生态农业服务组团，形成宜居、宜游、特色鲜明的新型田园城镇。

"双片区"：北部片区和南部片区。北部片区包括新媒体创意组团、新媒体制造组团、综合服务组团、配套居住组团。南部发展片区包括南部产业核心区（以行政、商务、商业、服务为中心）、物流仓储组团、农贸产品加工组团、娱乐休闲组团。

魏善庄镇镇域总面积81.4平方公里，现状镇域建设用地总用地2203.85公顷，农村居民点设用地885公顷，独立设施及外单位用地683.94公顷，农田及其他用地5668.9公顷。

2030年，魏善庄镇城镇建设用地面积控制在6.78平方公里，北部区城镇建设用地面积控制在4.28平方公里，人均建设用地356平方米/人。南镇区城镇建设用地面积控制在2.5平方公里，人均建设用地139平方米/人。农村居民点人均用地规模约103平方米/人。

魏善庄镇建设用地678.27公顷，分为北部区和南部区两部分。

魏善庄北镇区427.87公顷，包括综合服务片区、新媒体创意片区、新媒体制造片区和配套居住片区。主要承担大兴新城对魏善庄镇新媒体的要求。

规划农村居民点330.44公顷，规划进行远期村庄整合，保留发展羊坊、王各庄、东南研馆、苑上、北田各庄、陈各庄、赵家庄村7个重点发展村庄。重点村庄发展成为具有现代化设施的新型乡村社区，均配有商业、活动设施和公共服务设施。

包括铁路公路共530公顷，其中京九铁路、京山铁路等铁路用地30.77公顷，房黄赤联络线、磁大路、庞安路、团石路、伊河路等公路用地499.23公顷。

南部产业发展用地中，物流仓储组团用地157.61公顷，农贸产品加工组团48.89公顷，娱乐休闲组团用地210.91公顷。

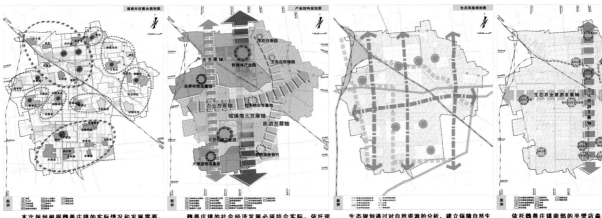

镇域村庄整合规划图　产业结构规划图　生态系统规划图　旅游发展规划图

本次规划根据魏善庄镇的实际情况和发展需要，结合国家和北京市对乡规划的相关政策和指标要求，以推进本地区的工业化、城镇化为指导思想，对镇域村体系进行了较大力度地规划调整，形成"镇区+重点村"的镇村体系结构。

魏善庄镇的社会经济发展必须结合实际，依托现有优势，加大科技投入，提高管理水平，维护生态平衡，开拓创新。第一产业方面积极发展设施农业、观光农业；第二产业要依托新媒体产业基地的建设机遇，促进现状企业的升级转型、集聚发展。在第三产业方面，合理布局教育培训产业、现代商贸业、旅游服务业等，促进城镇持续健康产业发展。通过积极健康的策略，最终使魏善庄镇综合经济实力跻身于大兴区经济发展的前列，带动区域整体发展。

生态规划通过对自然资源的分析，建立保障自然生态系统安全和健康的框架体系，进而保障生态系统与人居系统的安全与健康。生态安全框架是指研究规划的生态域内，构成生态系统在时间与空间上最为基础的生态实体，是其联结构、规模和数量的基本存在。生态安全框架由点、线、面的斑块、廊道三个要素可以相互转化，因此是相对的。依据生态景观格局的分析，可确切地区分斑块、廊道和基底。

依托魏善庄镇南部的半壁店森林公园及星明湖度假村和度假别墅区，发展旅游休闲度假产业，作为新媒体基地的休闲度假组团，成为城镇新的就业和经济增长点。

依托2016年月季的契机，发展月季特色观光产业，打造精品农家乐产业，加强农业的产业结构，向高端化、精品化、高附加值等方向发展，成为魏善庄镇的强劲增长点。

北京市大兴区魏善庄镇总体规划（2014-2030）
COMPREHENSIVE PLANNING OF WEISHANZHUANGZHEN

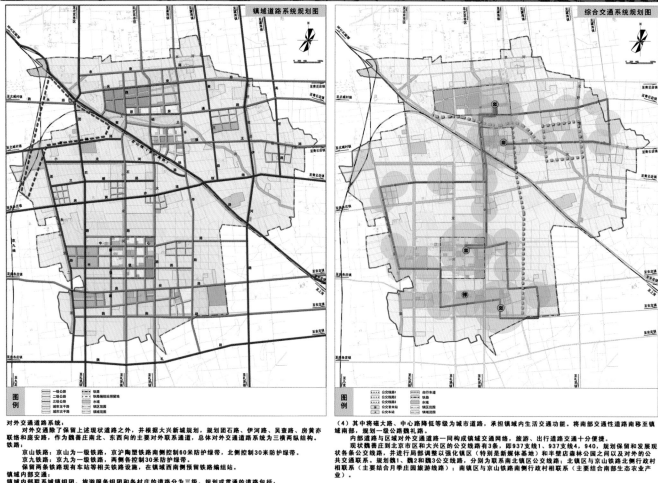

镇域道路系统规划图

综合交通系统规划图

对外交通道路系统：
　　对外交通除了保留上述现状道路之外，并根据大兴新城规划，规划团石路、伊河路、吴查路、房黄亦联和庞安路，作为魏善庄镇南北、东西向的主要对外联系通道，总体对外交通道路系统为三横两纵结构。
　　铁路：
　　京山铁路：京山为一级铁路，京沪陶塑铁路南侧控制60米防护绿带，北侧控制30米防护绿带。
　　京九铁路：京九为一级铁路，两侧各控制30米防护绿带。
　　保留两条铁路现有车站等相关铁路设施，在镇域西南侧预留铁路编组站。
　　镇域内部交通：
　　镇域内部联系城镇组团、旅游服务组团和各村庄的道路分为三级，规划或贯通的道路包括：
　　（1）一级公路：团石路、伊河路、房黄亦联系路、黄徐路；
　　（2）二级公路：魏石路、羊李路、吴查路、原房通路、魏王路、庞安路、魏南路；
　　（3）三级公路：枣林路、小龙河路、三顺路、渠东路、查王路、高河路。

　　（4）其中将磁大路、中心路降低等级为城市道路，承担镇域内生活交通功能。将南部交通性道路南移至镇城南部，规划一级公路魏礼路。
　　内部道路与区域对外交通道路一同构成镇域交通网络，旅游、出行道路交通十分便捷。
　　现状魏善庄到北京市区和大兴区的公交线路有3条，即937支线1、937支线4,940，规划保留和发展现状各条公交线路，并进行局部调整以强化镇区（特别是新媒体基地）和半壁店森林公园之间以及对外的公共交通联系。规划魏1、魏2和魏3公交线路，分别为联系南北镇区公交线路；北镇区与京山铁路北侧行政村相联系（主要结合月季庄园旅游线路）；南镇区与京山铁路南侧行政村相联系（主要结合南部生态农业产业）。

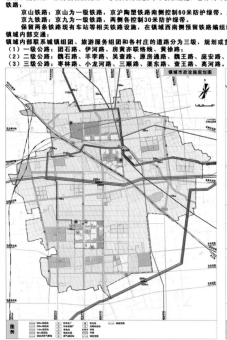

镇域市政设施规划图

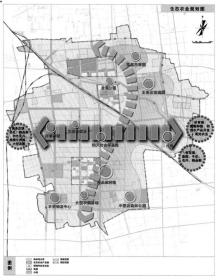

生态农业规划图

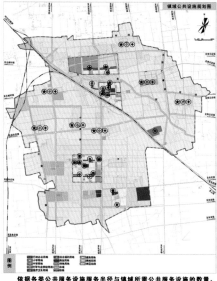

镇域公共设施规划图

　　从安全运行管理和节约土地资源的角度出发，必须协调好市政走廊与城镇的功能布局，合理控制市政走廊用地，尽量避免对城市居住环境的潜在不利影响。
　　规划尽可能将市政管道走廊结合主要交通走廊、河道、绿色隔离空间、城市规划建设区的边缘予以安排，形成基础设施综合走廊，尽量避免对城市建设用地的分割。
　　新规划线路应充分利用现有管道走廊位置，尽量与现有走廊协调整合；对规划已经确定的管道走廊，应对其沿线线路进行严格控制，同时对防护绿带建设提出响应要求，不允许安排永久性建筑以及高达深根植物。

　　魏善庄镇现有绿色精品梨高效园区，涉及半壁店、东沙窝、西南研堡三个自然行政村。在北京市总体规划和大兴新城规划中，在魏善庄南部设有铁路编组站，穿过现状园区。鉴于魏善庄已经树立了"精品梨"品牌，本次规划将原半壁店、东沙窝精品梨高效园全部迁至西南研堡，在磁大路以东、土地质量较好的西南研堡一带营造集中的生态农业生产基地。

　　依据各类公共服务设施服务半径与镇域所需公共服务设施的数量，对镇域内的公共服务设施进行规划，大多数公共服务设施在镇区内，并在各村内设置行政办公用地、各村小学、各村医疗站；在刘家场与度假村相结合，设置养老院。

　学生姓名：张秋扬、张琬乔、李晓龙、徐凯扬　指导教师：陈晓彤

北京市大兴区魏善庄镇总体规划（2014-2030）
COMPREHENSIVE PLANNING OF WEISHANZHUANGZHEN

五、镇区规划

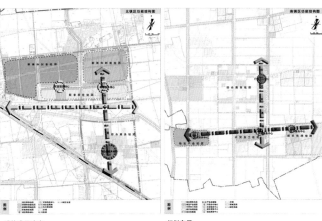

镇区现状：

从2004年到2007年魏善庄北部镇区建设用地变化不大，从2007年到2014年，北部镇区建设用地增幅较快，主要体现在二类居住用地和公共设施用地的增加上。

从2007年到2014年建成区面积由162.46公顷增加到205.07公顷，其中2012年建成区面积为178.6公顷，增速为26.22%。居住用地由原来的42.61公顷增加到51.26公顷，增速为20.30%，空间形态上表现为滨临大龙河的板式多层居住建筑。

公共设施用地由原来的1.82公顷增加到37.84公顷，主要新增了魏善庄中学、魏善庄中心幼儿园教育用地以及镇中心卫生院、卫生所、养老院医疗保健用地。在原来的村庄沿街部分新增了商业用地，加上半壁店组团的商业用地，总共9.57公顷。

北部镇区新增了工程设施用地0.36公顷，其中一处新建污水处理厂0.18公顷，一处废品回收站0.18公顷。新增公园绿地2.71公顷，广场用地0.76公顷。道路用地由原来的11.22公顷增加到26.08公顷。

半壁店组团镇区从2004年到2007年建设用地几乎没有变化，从2007年到2014年工业用地和商业金融用地增加。

城镇发展方向：

魏善庄镇的主要经济联系方向是沿磁大路向北的北京中心城方向，经济主要发展新媒体产业。

规划将预留编带用地移走，南部镇区沿磁大路向南发展，与南部大兴国际机场对接，城镇发展应与主要经济联系方向保持一致。

规划布局原则：

依托田园城市理念，保持良好的生态环境和自然环境，形成绿、城一体的城镇布局特色，建设舒适典雅田园新市镇。

构筑可持续有弹性的城镇发展结构。

城镇功能分区明确合理，为长远发展提供条件。

建设高效畅通的交通网络。

规划布局：

镇区中心区由南北两个镇区构成。

北镇区依托现状魏善庄村以及现状城镇产业用地发展形成，以大龙河、磁大路控制绿带为界，之间通过防护绿带、郊野公园等有机隔离，分为综合服务组团、新媒体创意组团、新媒体制造组团、配套居住组团。

南镇区主要以综合服务组团为主，周围产业包括物流仓储组团、农贸加工组团、娱乐休闲组团。

魏善庄南北镇区共678.27公顷。其中北镇区427.87公顷，主要承接大兴新城对于新媒体创意、制造的功能，包括综合服务组团、新媒体创意组团、新媒体制造组团、配套居住组团。南镇区面积250.40公顷，镇区主功能为周边产业区的综合服务配套，镇区外包括物流仓储组团、农贸加工组团、娱乐休闲组团。

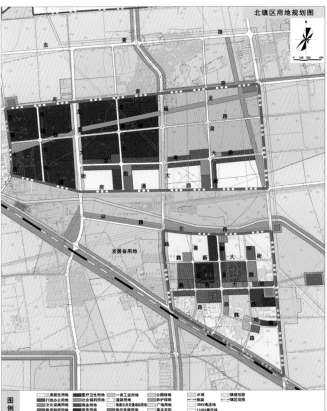

城镇居住用地规划在南北两个镇区，位于北镇区的综合服务组团、配套居住组团和南镇区的综合服务组团。北镇区居住用地103.87公顷，南镇区居住用地97.59公顷，占镇区总用地的29.70%。

镇区公共设施用地分为行政办公用地、教育科研用地、商业金融业用地、文化娱乐用地、医疗卫生用地、体育用地、社会福利地等，总用地264.60公顷，占镇区规划区建设用地的39.01%，人均用地面积90.53平方米。

行政办公用地集中在南镇区，原镇政府所在地，以原镇政府所在地为基点，形成行政中心。规划行政办公用地10.02公顷。

规划商业金融业用地190.61公顷，分布在镇区各组团。

在北镇区南区中部，规划文化活动中心，安排科技信息中心、图书馆、培训中心、综合娱乐设施等。规划文化娱乐用地17.00公顷。

扩大规模、完善设施，建设城镇中心医院。规划医疗卫生用地10.57公顷。

镇区南镇区与北镇区各安排体育用地2处，为居民和新媒体基地服务。规划体育用地共8.15公顷。

北镇区南区配置社区老年人福利院，儿童福利院及残疾人福利院与其同设置。规划用地面积3.00公顷。

北镇区新媒体制造组团规划一类工业用地57.41公顷，从事为新媒体服务的电子制造工业类型，形成规模效益。

南镇区物流仓储用地二类工业用地共46.66公顷，将镇域内工业企业集中，形成规模效益。农贸产品加工组团二类工业用地20.73公顷，以农贸产品加工为主。

物流仓储用地主要分布在南部的物流仓储组团和农贸产品加工组团中。物流仓储组团中物流仓储用地共79.86公顷，为南部大兴国际机场服务，形成机场7～15公里范围内次级物流的集散、储存、运输基地，未来可进一步发展为机场一级物流区。

农贸产品加工组团中物流仓储用地7.44公顷，主要为附近农贸产品的储存、运输服务。道路与交通设施用地83.84公顷，占镇区总用地面积的12.36%。

规划为北镇区服务的公用设施用地共5.69公顷，规划为南镇区服务的公用设施用地共3.85公顷，规划镇区公园绿地共25.65公顷。

学生姓名：张秋扬、张琬乔、李晓龙、徐凯扬　　指导教师：陈晓彤

北京市大兴区魏善庄镇总体规划（2014-2030）
COMPREHENSIVE PLANNING OF WEISHANZHUANGZHEN

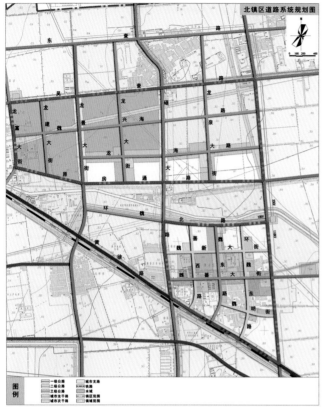

原则和目标：

　　积极发挥交通设施对城市发展的引导作用，将交通规划作为新城空间布局的前提和核心内容，土地开发建设要与交通设施建设密切协同。

　　加强镇区与北京中心城和大兴新城的对外联系，并且协调对外交通体系与城镇的发展。

　　突出交通先导政策，根据魏善庄的空间结构特色，完善组团发展的城市结构。

　　建设镇区内部的"绿色"交通联系：建设一个便捷、高效、安全的生态型城市，注重镇域公共交通体系的完善，必须对城市中的自行车交通和步行交通体系加以重视。

交通发展策略：

　　以交通枢纽为核心整合魏善庄对内和对外交通系统，减少内外交通体系的冲突和矛盾，使内外交通系统成为综合运转的整体；

　　保证出行方式的多种选择，实现各种交通出行模式一体化均衡发展，以及交通系统和城市发展规划间的统一协调。

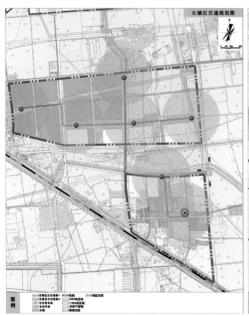

道路横断面图

过境道路：

磁大路：规划红线宽42米，两侧绿化带各控制宽30米，道路断面为四幅路形式，弱化其过境交通功能，转化为具有田园风光的生活性城市道路。

团石路：规划红线宽23米，两侧绿化带各控制宽30米，沿路两侧布设物流组团，该道路承担区域物流运输功能。

伊河道：规划红线宽23米，两侧绿化带各控制宽30米。

房黄亦联线：规划红线宽23米，两侧绿化带各控制宽30米。

黄徐路：规划红线宽23米，与京山铁路间布设绿化，道路北侧绿化带控制宽度30米。

镇区内部道路：

北部镇区：

主干路：东查路、原房通路、磁大路，规划道路红线分别为26米、26米和42米。

次干路：龙富大街、龙建大街、龙景大街、龙兴大街、龙泉大街、魏新路和魏善大街，规划道路为20米。

支路：魏新大街、魏明街、善西路和环魏东路，路红线为15米。

南部镇区：

主干路：中心路、半壁路、猿俣路和磁大路，规划道路红线为26～42米。

次干路：中心北路、中心南路、庞安北路、磁西路和沙窝路，规划道路红线为20米。

　学生姓名：张秋扬、张琬乔、李晓龙、徐凯扬　指导教师：陈晓彤

北京市大兴区魏善庄镇总体规划（2014-2030）
COMPREHENSIVE PLANNING OF WEISHANZHUANGZHEN

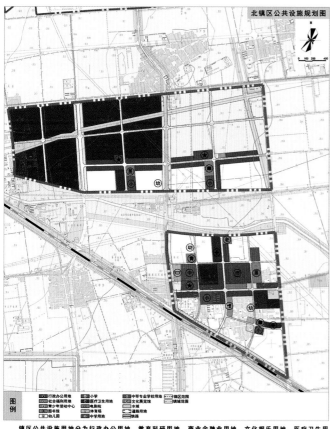

北镇区公共设施规划图

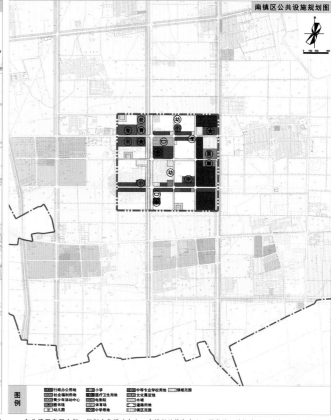

南镇区公共设施规划图

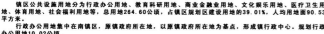

镇区公共设施用地分为行政办公用地、教育科研用地、商业金融用地、文化娱乐用地、医疗卫生用地、体育用地、社会福利用地等，总用地264.60公顷，占镇区规划建设用地的39.01%，人均用地面90.53平方米。

行政办公用地集中在南镇区，原镇政府所在地，以原镇政府所在地为基点，形成镇行政中心。规划行政办公用地10.02公顷。

综合服务组团、配套居住组团、新媒体创意组团、新媒体制造组团和南镇区结合新媒体基地控规，深化规划安排适当办公用地，为新媒体基地服务。

规划商业金融用地190.61公顷，分布在镇区各组团。

新媒体基地配套服务组团：在北镇区新媒体配套服务组团，在黄徐路北侧安排为新媒体基地配套服务主要区域，可安排中高密度酒店、公寓，以及购物中心、超市、餐饮服务等设施。

城镇商业中心：各组团规划布置1处城镇商业中心，为各组团服务。

在北镇区南区中部，规划文化活动中心，安排科技信息中心、图书馆、培训中心、综合娱乐设施等。规划文化娱乐用地17.00公顷。

南镇区与北镇区，结合新媒体基地控规在多功能用地内适当安排文化娱乐设施，为新媒体基地服务。

社区商业设施：各组团规划布置1处社区商业设施，为附近社区服务。

扩大规模、完善设施，建设城镇中心医院。规划医疗卫生用地10.57公顷。

镇区南镇区与北镇区各安排体育用地2处，为居民和新媒体服务。规划体育用地共计8.15公顷。

中学应建设四百米标准跑道操场，考虑在周末向市民开放，补充公共体育用地不足。

北镇区南区配置社区老年人福利院、儿童福利院及残疾人福利院与其一同设置。规划用地面积3.00公顷。

北镇区绿地系统规划图

南镇区绿地系统规划图

北镇区环卫生规划图

南镇区环卫防灾规划图

规划原则：

以建设生态型城镇为目标，最大限度保护城镇周边防护林地、河流水体，通过建立城镇郊野公园、滨河公园体系，形成城镇外围绿色屏障。

与城镇绿地相结合，通过沿河、沿路生态防护林地，将楔形绿地引入城镇，形成内外交融的城镇绿地系统，创造特色的景观空间。

重视镇内的广场，形成公共绿地、公共广场系统，充分考虑办公用地、居住用地、公共服务用地等绿化空间的创造。

规划以城镇周边生态绿地为依托，强化城镇组团之间的绿化隔离联系，营造"城在绿中、园在城中"的氛围。在各组团规划中心，安排组团绿地和多处社区绿地，与城镇公共绿地、城镇内部的公园、街头的小绿地和绿化率较高的附属绿地一起，形成点线面结合的城镇绿地系统。

城镇生态绿地：

规划期内生态绿地建设主要是保护和加强绿化，涵养水土、保护生态环境，可进行一定的旅游开发。

规划依托大龙河、小龙河建设滨水公园体系：依托磁大路、原房通路形成生态隔离带：沿京山铁路规划防护林带，预留区域基础建设通道：高压线规划80～140米宽的防护林带：输油管道沿线规划50米宽绿化控制带，保障管道安全。

在北镇区南区的开敞地带依托水系安排郊野公园，成为城镇生态绿心和城镇居民就近亲会绿色气息的休闲空间。

北镇区配套服务组团、新媒体创意组团、新媒体制造组团、配套居住组团各依托十路、磁大路、建设路为绿地景观系统。

新媒体产业基地规划集中成片绿化组团，作为中心公园。

各组团内部规划组团绿地，构建舒适生活环境。

规划保留现状垃圾中转站（占地约1公顷），环卫车队配置垃圾清运及洒水车辆4辆左右；每0.5～0.7平方公里设置1座小型压缩式垃圾收集转运站，占地面积不小于100米。垃圾分类打包后运送至大兴区垃圾处理场进行生物填埋或焚烧，以杜绝城镇垃圾长期随意堆放处置对生态环境所造成的破坏。

分期分批改造和新建公共厕所，全面提高公共厕所的卫生条件和面貌。按有关规范（CJJ27-89）增补公共厕所，镇区主要街道宜每300～500米设置一座，一般街道设置间距不大于800米，使其达到布局合理、美观、卫生。

镇内所有新建、改建项目必须做好环境影响评价工作，并严格做到三同步，处理设施建设项目时设计、同时施工、同时投产，以保证本镇规划期内社会经济和城镇建设高速发展与环境保护双赢目标的实现，真正做到可持续发展。

目标与总体防护要求：

保障人的安全，创造和谐、宜居、发展的安全环境。

提供高品质、人性化、全方位的安全服务：体现科学发展观。促进城市与乡村公共安全的一体化。

积极建设和完善健全的公共安全体系，走综合防灾机制化的道路，做好危机管理工作，切实提高城镇应急能力，确保灾后迅速恢复重建的机制，以现代公共安全和危机管理的理念综合考虑城镇的公共安全。

学生姓名：张秋扬、张琬乔、李晓龙、徐凯扬　　指导教师：陈晓彤

北京市大兴区魏善庄镇总体规划（2014-2030）
COMPREHENSIVE PLANNING OF WEISHANZHUANGZHEN

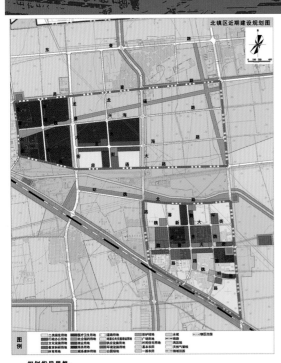

北镇区近期建设规划图

图例

基础教育：
王各庄小学、魏善庄小学、半壁店小学，半壁店中心幼儿园。
中学保留魏善庄中学，完成操场等建设。
职业教育培训机构：
结合新媒体基地建设成人教育学校。
医疗卫生：
新建魏善庄镇社区卫生服务中心，预计2020年建成。
社会保障与社会福利：
新建养老院2座，南镇区北镇区各一座，包括综合楼和其他辅属建筑。院内设老年人锻炼的门球场、公园绿地、安装有锻炼器材健身场和锻炼操场。
郊野公园：
改造半壁店森林公园，突出原有森林公园的"森林"特色，保持郊区公园的"郊野"风格，提高公园的文化内涵，使其成为人们沐浴绿色的乐园。
社区建设：
镇区内村庄整合计划："城中村"结合土地开发利用改造，给予农民合理补偿和安置，促使农民向居民平稳过渡的计划。

综合交通体系建设：
完善对外联系道路（庞安路、磁大路等等）和内部道路网建设，新建客运、货运交通站场。

商贸设施	建设期
仓储物流	2014-2020
旅游设施	2014-2020
农贸加工	2014-2020

农业产业项目	建设期	位置
王各庄玫瑰园	2年	王各庄
羊坊月季养殖园	2年	羊坊

交通设施名称	建设期	位置
磁大路扩建	2006.10	磁大路
黄徐路扩建	2006.8	黄徐路
庞安路扩建	2006.10	庞安路
魏水路（原房通路）扩建	2007.3	魏水路（房通路）
南刘路改建	2006.8	南刘路
后顺路（团石路）改建	2006.8	后顺路（团石路）
吴西路（吴查路）改建	2006.8	吴西路（吴查路）
魏石路（魏南路）扩建	2006.8	魏石路（魏南路）
王各庄西大桥危改	2006.5	青魏路王各庄西

规划指导思想：
把握区域经济发展要求，依托镇域优势资源，依托新媒体基地建设，大力发展服务首都的特色经济。
强调基础设施建设，提高环境质量，改善居住质量和投资环境。
强化城镇区和重点村的建设。在镇区建设的同时，逐步推进原有村庄的有序改造，以用地置换为重点，实事求是地调整镇区用地结构、生产和生活配套发展。
综合考虑近远期的发展关系，合理安排近期建设，树立规划的长远观念，杜绝短期行为，对近期建设用地范围内的公共设施、基础设施和绿化用地，必须严格控制，做到长期规划，分期实施，滚动发展。

南镇区近期建设规划图

图例

村庄整合、旧村改造及农民就业培训
魏善庄村整合安置：近期启动镇区建设区内约8861人的拆迁安置，从节约土地、集中利用的角度出发，在城镇规划区内规划镇区的居住用地地块内集中建设回迁安置楼，计划在3～5年时间内对所涉及8861人被拆迁户采取实物补偿与货币补偿相结合的方式进行集中定向回迁安置。
完善村庄"五个一"标准化建设：村村有一名专管环境的干部，有一支保洁队伍，有一部垃圾清运车，有一个垃圾中转场，有一套好的管理制度。
村庄给水设施改造和雨水排放疏通，同时进一步实施农村改厕工程，改善农村居住环境。
结合社会主义新农村建设，依托新媒体产业基地教育培训基地的建设，做好农民就业培训，解决农民就业。

南镇区远景规划图

图例

远景时间：
南镇区远景建设时期为2050年。
建设范围和人口：
南镇区发展面积约为402.85公顷。
南镇区预计2050年总人口为4万人。
远期发展：
将魏善庄镇南镇区与周边重点村在基础设施、服务功能、商业商务、旅游居住连成一片，使整个魏善庄镇以南镇区为核心，形成功能相辅相成，经济配套发展的新兴产业镇区。
将魏善庄镇南镇区打造成为临空经济区中一级配套设施节点；将魏善庄镇南镇区作为京南重要生态节点，带动京南绿色空间发展建设；使得南镇区成为魏善庄镇，乃至京南地区新型生态、产业、宜居住的新城镇典范。

　学生姓名：张秋扬、张琬乔、李晓龙、徐凯扬　指导教师：陈晓彤

河南省唐河县城市总体规划（2014-2030）

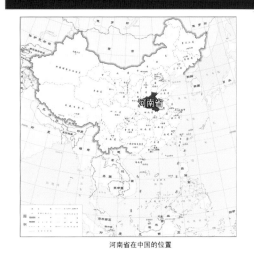

河南省在中国的位置

南阳市在河南省的位置

唐河县位于河南省西南部，南阳市东部，地处东经112°28′～113°16′，北纬32°21′～32°55′之间。东连桐柏县、泌阳县，南界湖北省枣阳市，西与新野县、南阳市卧龙区接壤，北与社旗县为邻。距南阳市54公里，东北距省会郑州市273公里。唐河根据县境内唐子山而取名，唐河县根据唐河而取名。

唐河县在尧、舜、禹三代属豫州，春秋属楚，战国属韩，秦属南阳郡，隶属荆州，后改名为淮安郡，隶属豫州，唐代武德四年改为唐州，明朝洪武二年改为唐县，隶属南阳府。民国初改为泌源县，1923年改为唐河县。1947年秋，唐河县解放，成立唐南、唐北、唐西三县，属中原解放区桐柏军区。1949年3月并三县为唐河县，属南阳专区。1994年南阳专区升为地级市，唐河县属南阳市管辖。

2013年末，全县人口142.7万人。县域辖区面积2487.11平方公里，人口密度为571.57人/平方公里。

唐河县在南阳市的位置

中心城区在唐河县的位置

发展前景

针对中部地区的现状，中央政府又提出"促进中部地区崛起，形成东中西互动、优势互补、相互促进、共同发展的新格局"的中部地区发展思路。

在对中部战略思路的勾画上，提出抓紧研究制定促进中部地区崛起的规划和措施。充分发挥中部地区的区位优势和综合经济优势，加强现代农业特别是粮食主产区建设；加强综合交通运输体系和能源、重要原材料基地建设；加快发展有竞争力的制造业和高新技术产业；开拓中部地区大市场，发展大流通。并从政策、资金、重大建设布局等方面给予支持。包括唐河在内的中部地区面临着前所未有的发展机遇。

中部崛起是指促进中国中部经济区——河南、湖北、湖南、江西、安徽和山西6省共同崛起的一项中央政策，2004年3月5日首先由温家宝总理提出。随着中部崛起战略思路的提出，南阳必将作为中部崛起一个新的支点。

作为南阳市半小时经济圈中重要的一环，唐河县的发展潜力巨大。

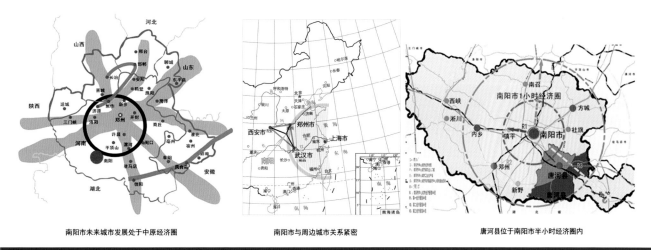

南阳市未来城市发展处于中原经济圈

南阳市与周边城市关系紧密

唐河县位于南阳市半小时经济圈内

河南省唐河县城市总体规划（2014-2030）

县域城镇体系职能现状图

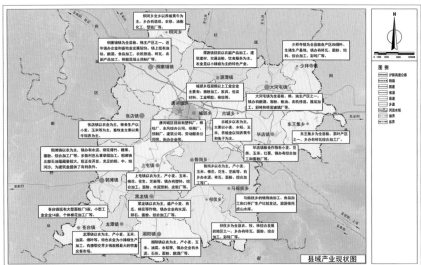

县域产业现状图

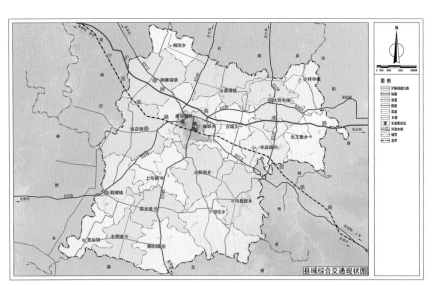

县域综合交通现状图

唐河县属南阳13县市区之一，属河南省辖扩权县，截至2008年，辖2个街道（文峰街道、滨河街道）、12个建制镇（源潭镇、张店镇、龙潭镇、湖阳镇、郭滩镇、苍台镇、黑龙镇、毕店镇、上屯镇、少拜寺镇、桐寨铺镇、大河屯镇）、7个乡（城郊乡、桐河乡、马振扶乡、祁仪乡、古城乡、东王集乡、昝岗乡）。共有20个居委会，490个行政村，2854个自然村（调查数），41.9万户，132.5万人。

唐河县城镇体系网络基本形成，但发育程度较低，乡镇之间分工协作程度较低，乡镇之间的联系强度不大。县域除中心城区外各乡镇镇区规模偏小，大多数乡镇镇区面积低于3平方公里。此外，唐河县县域各乡镇、农村地区基础设施和公共服务设施水平普遍较差，建设投资不足，发展缓慢，对乡镇人口和产业集聚的支撑能力不强。

唐河县乡镇的职能类型较为单一，且职能结构层次较低，城镇职能分工体系发育程度低。主要是以农业和农副产品加工为主。

2013年唐河县全县生产总值完成211.07亿元，比上年增长5.68%；人均生产总值达到16856元，比上年增长7.34%。从历年的生产总值数据看，近几年唐河县经济稳步向前发展，但增长速度波动比较大，2006年增长速度最快，近几年发展速度有所下降。人均生产总值持续增长，但近年来增长速度放缓。

唐河县与周边县市区的经济比较

名称	唐河	邓州	唐阳	泌阳	镇平	方城	桐柏	宛城区	社旗	新野
GDP	82.1	111.3	86.5		102.9	58.3	35.7	118.4	31.9	71.9
第一产业	37.1	44.4	29.01		17.0	22.7	10.5	19.5	13.5	23.3
第二产业	31.3	37.5	36.61		62.9	19.1	18.7	76.3	9.8	33.8
第三产业	13.7	29.3	25.88		22.9	11.6	6.5	22.7	7.9	14.8
人均GDP	6316	7282	7887		10803	5503	8280	14637	499	9783
国土面积	2512	2294.4	3277	2682	1500	2551	1942	992.7	120	1062
耕地面积	847	75.2			38.3	43.2	18.1	35.5	36.2	28.6
胡地面积	201	240	154	140	117	163	68.5	95.8	127	102
年末人口	130.0	153.2	109	96	95.4	100.8	43.2	81.1	64.1	73.6

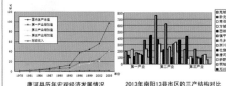

唐河县历年宏观经济发展情况　　2013年南阳13县市区的三产结构对比

根据对唐河县经济发展目标预测和三次产业发展方向研究，明确了三次产业都有较快的发展速度。规划期在工业化和城镇化加快的大趋势下，并按照三次产业发展的自身特点，预测唐河县产业结构变动的趋势是：第一产业比重大幅度下降，第二产业比重保持高位稳定，第三产业比重将大幅上升。到近期2020年演变为20：52：28；远期2030年进一步转变为14：45：41。这是一个符合发达国家和我国发达地区产业结构演化趋势，又带有唐河自身特点的理想变动状况。

唐河县位于豫西南南阳盆地腹地，南与湖北省襄樊市、枣阳市相连，北与社旗接壤，总面积2512.4平方公里。辖20个乡镇510个行政村，总人口128.4万人。随着近几年来公路建设的迅速发展，目前，宁西铁路横穿唐河县城区南部，信南高速跨越县城北部，国道312，省道S240、S239、S335四条干线在县内穿叉交汇而过，干支相连、便捷畅通、内引外连、四通八达的交通公路网络初具规模。

312国道贯穿东西，与周围各县县都有国道、省道相连。信南高速（沪陕高速G40河南省境内一部分）全长183公里，唐河境内长59.48公里，成为唐河一条重要的东西交通大动脉，有唐枣公路链接延伸可上福银高速公路。西距南阳54公里，东北距省会郑州市273公里，东南距离湖北省武汉市310公里。

按照河南省普通干线公路网规划方案，"十二五"期间，河南省公路交通建设的规划重点是提升干线公路等级：将一批省道提升为国道，将一批县道提升为省道。根据全省规划，县内S335（棠西线）省道升级为横十国道（江苏宾阳镇—湖北老河口镇）的一段，S240（方管线）省道升级为纵七国道（辽宁省盘锦市—广东省阳江市）的一段。届时，唐河境内国道里程将达到177.27公里。

河南省唐河县城市总体规划（2014-2030）

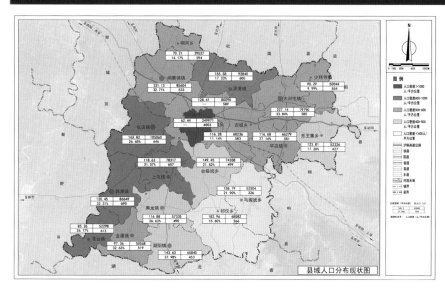

县域人口分布现状图

县域公共服务设施现状图

县域自然资源现状图

2013年末，全县人口142.7万人。县域辖区面积2487.11平方公里，人口密度为571.57人/平方公里。

唐河县域东南部为浅山区，东北部和西部为岗丘地，唐河沿岸和其他沿河地带为冲积平原。县域人口分布特点为：东南浅山区（祁仪乡、马振扶乡），人口密度小；东北部和南部（东王集、毕店、湖阳、龙潭镇、黑龙镇等）岗丘地区，人口较均匀；唐河沿岸地区（大河屯、古城、上屯、郭滩等）人口密度相对较大。

城镇人口分布特点：县城（城关、城郊、油田）聚集约35%全县城镇人口，另外在312国道、方枣路、豫335、唐泌公路沿线乡镇聚集约47%城镇人口，其余乡镇城镇人口较少。全县城镇人口共31.8万人：县域城镇人口11.3万人，各镇镇城镇区人口20.5万人，城镇化水平达到24.5%（低于南阳市城镇化水平30%）。

男女比例为1.111：1（全国性别比为1.062：1）。年龄结构为：0~14岁占总人口的22.9%，14~65岁占总人口的69.7%，65岁以上的占总人口的7.4%。出生率为9.67‰，死亡率为5.08‰。农业人口117.3万人，非农人口12.7万人，占总人口的6.77%。

2013年，唐河县户籍总人口为1427286人，共计382650户，户均3.7人。其中常住人口为1244909人。

公共服务设施是体现城镇化"质"的一个重要因素。只有公共服务设施真正跟上城镇化进程步伐，城镇化才算是真正的城镇化。

县域城镇体系规划中，社会设施布局一方面要注重建设的规模和服务范围，另一方面要注重合理范围内的共享协调，避免不必要的重复建设。

简陋的医疗设备

路面状况坑坑洼洼

医院承担压力过大

教育经费投入不足。部分乡镇对教育经费投入不能满足教育发展的要求。由于乡镇财力不足，影响了教育事业的健康发展。

学校布局不够合理。目前唐河县除中心城区外，在另外7个乡镇分布有高中，造成教育资源布较为分散，使得教育设施落后。

全县卫生系统有卫生机构26个，其中城区内县级医院共6个，分别为县人民医院、县中医院、县卫生防疫站、县妇幼保健院、县公疗医院和县卫生学校附属医院。

存在问题：卫生投入不足，卫生事业发展与经济发展不同步，制约了医疗机构的建设和发展。

现有的医疗机构布局不够合理，有限的卫生资源过于分散，投入不足与重复投入同时存在，医疗资源不足与使用率过低同时存在，未能形成一定的规模效应。

县、镇医疗机构的双向转诊关系尚未形成，病员流向不够合理：镇（乡）卫生院病床使用率过低；现有卫生技术队伍的整体素质不高，不能满足多层次的医疗保健需求。

全县河流属长江流域唐白河水系。主要河流除唐河外，还有泌阳河、三家河、桐河、毗河、清水河、蓼阳河、绵羊河、涧河等呈扇形分布。

唐河及其9条主要支流形成以唐河为主干的河川水系，遍布全县，总长390.7公里，流域面积4751平方公里，河床切割较深，水土流失较严重：冬春水枯，夏秋水丰，易于泛滥。涧河、江河及唐河唐关以南河段为4级水，其他河水为1级水。

全县已知金属和非金属矿藏20余种，主要矿点80余处。其中有：石油及石油伴生气、石英石、花岗岩、石灰石、钾长石、钠长石、莹石、大理石、水晶石、白云岩、冰洲石、磷矿、铁矿、磁铁矿、方铅矿、锡矿等。唐河县石油约占河南油田总储量的三分之一。

唐河县为河南省农业大县，全国商品粮基地。从全县土地利用构成看，其土地利用具有以农业为主，园、林、牧、渔等用地较少的特点。

河南省唐河县城市总体规划（2014-2030）

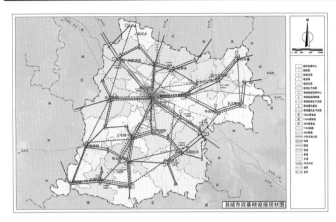

县域市政基础设施现状图

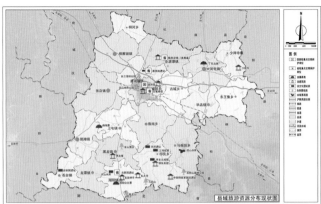

县域旅游资源分布现状图

唐河县农村地区总供水量1.6亿立方米/年，其中地表水0.896亿立方米/年，地下水0.704亿立方米/年。目前农村集中供水处于起步阶段，仍以分散式供水为主，到2009年底，郭滩、马振抚、湖阳镇区建有集中供水工程，其余集镇均为自备井设置水塔分散供水。

现状污水处理厂到2010年已满负荷运行，为了使整个城区的污水得到有效地处理，现状污水处理厂的西侧正在建设第二污水处理厂，设计能力为2万吨/日，主要处理产业集聚区的污水。

唐河县邮政局位于县城解放路中段，邮件处理中心位于文峰路南段。唐河县邮政局下设20个乡镇支局，2012年收发函件59.49万件，包裹投递5.02万件，邮政储蓄32942万元，特快专递23.43万件，发行报刊644.38万份，总业务额1517万元。

目前，唐河县城区居民用气以瓶装液化气为主，现状没有建成的燃气管道，也没有系统的管道燃气设施。

唐河县拥有数千年的文明史，三代时即建有蓼、谢、申等封国，此后，历代在此设州、置县，文化遗存丰富，主要有以下遗存：

古遗址：县城北寨茨岗遗址、湖阳遗址、祁仪许河遗址、毕店回龙寺遗址、上屯马武城遗址、上下堰陵遗址、古城盖遗址、郭滩古济阳城遗址、苍台古谢城遗址等。

古墓葬：湖阳汉郁平大尹冯君孺人画像石墓、针织厂汉画像石墓、湖阳公主墓群，其他还有石灰窑汉画像、九石冢、井楼汉墓等。

古建筑：泗洲寺塔、源潭关帝庙（又称陕西公馆）、文笔峰、城隍庙大殿等。

名刹古寺：黑龙镇普化寺（发山寺）、湖阳东大寺、马振抚双峰寺、少拜寺避蛛寺、城郊无事家庙等。

革命纪念地：县城张星江烈士纪念馆、毕店镇张星江旧居、马振抚乡"八二部队供应处"、祁仪乡"解放军后方医院"、湖阳镇革命烈士陵园、少拜寺镇革命烈士陵园等。

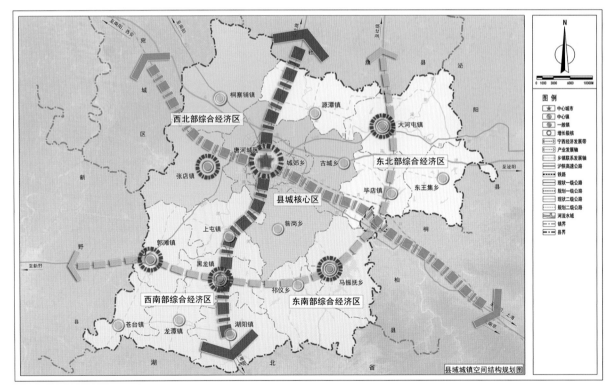

县域城镇空间结构规划图

依据唐河县各个乡镇的现有资源及产业类型布局，将唐河县划分为"一心一带，两轴五片区"。

一心：为城市。唐河县城通过产业集聚、人口集聚形成县域发展的极化中心，加强其作为唐河县整个县域城镇体系中首位城镇的凝聚力，带动县域及周边城镇发展。

一带：宁西经济发展带，是整个县域重点发展方向，包括国道312、宁西铁路、沪陕高速公路，向东承接东部上海发达地区产业转移，向西接受南阳、西安等大城市的辐射作用。

两轴：产业发展轴，为南北向县域发展次轴，这里主要有省道240、规划建设的方枣高速公路。乡镇联系发展轴，串联起郭滩镇、黑龙镇、祁仪乡、马振抚乡、毕店镇和大河屯镇，促进各县共同发展。

五片区：分别为县城核心经济区，包括城市、城郊乡、古城乡、皆岗乡；西北部综合经济区，包括桐寨铺镇、张店镇；东北部综合经济区，包括大河屯镇、东王集乡、毕店镇；西南部综合经济区，包括郭滩镇、苍台镇、龙潭镇、黑龙镇、湖阳镇、上屯镇；东南部综合经济区，包括祁仪乡、马振抚乡。

　学生姓名：贺鹰、李浩、李静岩、王潇、曲莎白、唐宇飞、阿曼、宋卓芮　指导教师：荣玥芳

河南省唐河县城市总体规划（2014-2030）

县域城镇体系职能结构规划图

根据城镇现有基础、发展态势以及在区域发展中承担的主要任务，按照合理分工、发挥优势、形成合力、协调发展的原则，形成职能完备、分工合理、协作紧密、特色鲜明的城镇体系职能结构。

（1）县域中心城市：唐河县城市

唐河县城市是县域城镇职能结构的核心。南阳市域东部的中心城市，唐河县域的区域中心，以商贸、食品、纺织、机电、新能源等产业为主。

（2）中心镇

本次规划根据除城市外的17个乡镇的发展现状和未来发展潜力，进行综合地比较分析，确定桐寨铺镇、黑龙镇、大河屯镇、马振抚乡为重点发展城镇。重点城镇的主要职能是作为县域农村经济发展的增长极核，同时也是县域产业发展的重要空间，成为唐河县农村城镇化战略实施的主要载体，未来将分担区域中心的部分职能。

（3）一般镇

除中心镇以外的其他13个乡镇，包括张店镇、古城乡、苍台镇、龙潭镇、湖阳镇、智岗乡、上屯镇、毕店镇、祁仪乡、东王集乡、源潭镇、城郊乡、郭滩镇，规划期内各乡镇应根据各自的产业基础，强化其地域职能分工，明确各自发展方向，强化彼此之间的分工协作。

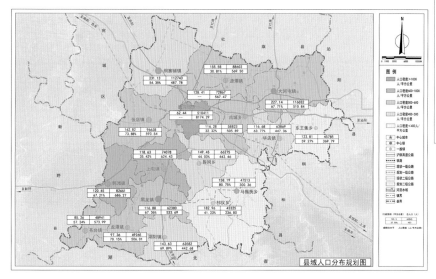

县域人口分布规划图

城镇等级	名称	职能类型	职能引导
中心城市	中心城区	综合型	县域中心城市，以新能源、商贸、食品、纺织、机电等产业为主。
中心镇	桐寨铺镇	工贸型	县域西北部中心城市，以发展农副产品加工、建材业、发展黄牛贸易为主
	马振抚乡	旅游服务型	县域东部林业、中药材种植业，重点发展虎山水库、石柱山银店旅游、螺蛳藻养殖、畜牧养殖、帽子种植；发展旅游服务业、三农服务
	黑龙镇	综合型	县域南部中心城镇，以工矿业、旅游为主
	大河屯镇	工贸、交通型	县域西北部中心城市，以发展农副产品等，农副产品加工为主
一般镇	源潭镇	集贸型	县域重要棉种植基地，以发展棉业、人工养殖、集贸、三农服务业为主
	东王集乡	工贸型	县域内重要的油田中转站，人工畜牧养殖基地，以边副牧、黄牛交易、集贸、三农服务业为主
	毕店镇	工贸型	县域东部棉种植基地，人工畜牧养殖基地，以发展化工、农副产品加工商贸为主
	郭滩镇	商贸型	县域西南部中心城镇，县域重要的棉种植基地，以发展蔬菜（唐河新鲜）南贸业、造纸发展农副产品加工
	智岗乡	农业型	县域棉种植基地，以发展棉种植业、畜牧养殖、集贸、三农服务业为主
	上屯镇	农业型	县域棉种植基地，以发展棉种植、蔬菜种植、畜牧养殖、蔬菜加工、三农服务业为主
	张店镇	工贸型	县域内重要棉种植基地，人工畜牧养殖基地，重点发展化工、农副产品加工
	祁仪乡	农业服务型	县域东南部山区林果业、中药材种植基地，重点发展人文旅游业；发展集贸、三农服务
	湖阳镇	省际边界型	重点区域建设的建设
	龙潭镇	农业型	县域棉种植基地，以发展棉种种植、畜牧养殖、集贸、三农服务业为主
	苍台乡	农业型	县域棉种植基地，以发展棉种植，棉种植基地，发展、农产品加工
	古城乡	集贸型	发展农产品收购、集贸、三农服务业

唐河县城镇体系职能结构规划表

综合三种预测方法，预测唐河县县域总人口规模为：

2020年约153.56万人，2030年约168.50万人。

县城核心经济片区：

该区以县城为中心，包括文峰、滨河两个街道办事处，以及城郊、古城、智岗、乡镇。该区域是唐河县域经济发展的核心区域，有铁路、高速公路、国道、省道等对外交通条件，区域发展以建立南阳市东部中心城市为主，围绕唐河县产业集聚区的建设，发展以新型能源、机械、电子、农副产品深加工为主导的产业体系，以及发展以商贸物流、教育科技、信息咨询为主的现代服务业，促进产业集聚化发展。

西北部经济片区

该区域包括桐寨铺中心镇和张店镇，是唐河县西部的粮产区，有丰富的农业资源，与河南油田中心区联系紧密。该区域的发展围绕利用河南油田中心区的建设及便利的对外交通条件，积极发展服务业，促进区域经济发展。

东北部经济片区

包括大河屯中心镇以及毕店镇、少拜寺镇、东王集乡等。该区域是河南油田的主要产油区域，有丰富的石油、天然碱等资源。该区域以围绕矿区的建设，积极发展小城镇，依托S239加强区域南北联系，加大区域协作，利用区域丰富的油、碱、气资源发展相关产业；利用虎山水库等资源发展旅游业。

西南部经济片区

包括黑龙镇、郭滩镇、湖阳镇、龙潭镇、苍台镇、上屯镇等乡镇。在黑龙镇和湖阳镇交界处有丰富的铜镍矿、石灰岩等矿产资源。区域围绕叶山产业集聚区的建设，发展有色金属采选、冶炼和建材为主的产业体系，并拉伸产业链条，实时发展农副产品加工业、旅游产业。

东南部经济片区

包括马振抚乡和祁仪乡等。在马振抚乡和祁仪乡包含非常丰富的旅游资源。区域围绕旅游资源，大力开展生态旅游产业、红色旅游片区、抗战文化宣传等，与城区的抗战文化联系，发展红色旅游线路，积极发展第三产业。

县域产业结构规划图

河南省唐河县城市总体规划（2014-2030）

县域公共服务设施规划图

教育设施： 中小学根据农村居民点的调整、基层村的逐步形成，按照合理的服务半径和服务人口，统筹布局。

学校等级布局按照镇的级别和服务的方便性进行，高中、初中布局在建制镇驻地及镇区片区；小学的发展要充分利用被撤合并初中中的教学设施，布局在镇区、镇区片区和部分规划的中心村，保留的初小和教学点一般设置在中心村。

高等教育都布置在县城，利用互联网等手段，与有关大学形成远程教育关系，重点发展唐河县经济建设急需的高等专业教育，特别是在职人员的成人高等教育。

文化设施： 规划原则一般是文化设施对应于城镇体系规划的城镇级别进行配置，中心城区文化设施主要是在原有设施基础上进行规模扩大和质量提升，镇一级规划的文化设施主要是指文化中心和影剧院，在桐寨铺、黑龙、大河屯、马振抚镇四个中心镇规划配置一定规模的图书馆，形成中心镇镇级科技文化中心，一般镇按照一般镇的级别配备相应的文化设施。

医疗设施： 县级医院都在中心城区，4个中心镇配置综合医院和社区级医疗服务点；其他13个一般镇配置一般镇卫生院。

体育设施： 加强对体育设施的规划和对体育设施投入的重视。中心城区设置县级体育中心、专业体育学校和社区群体健身房，中心镇要在镇区专门设置400米跑道的标准体育场，社区群体健身园，一般镇可结合中学布置400米跑道的体育场，并配备社区群体建设园。

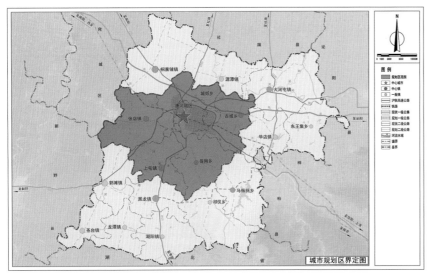

县域旅游规划图

根据旅游业发展的大趋势及唐河本地的实际情况，除了发展旅游业的六要素——吃、住、行、游、购、娱之外，还需将更多的产业要素融入整体的旅游业发展过程中。同时注意旅游发展的新态势，以满足不断变化、日新月异的各类市场需求，促进唐河旅游经济的全面发展，打造新的经济效益产业链条，特别要重视唐河的旅游业与农业、文化业等相关产业链条的相互延伸，尤其是远期市场要与文化产业（远期冯友兰文化市场）紧密结合，争取大中城市及全国、甚至国际机会市场。

古蓼园遗址

泗洲塔

陕西会馆

文笔峰塔

城市规划区范围： 城关镇、城郊乡、古城乡、昝岗乡、张店镇和上屯镇，总面积743.8平方公里。

城市规划区界定图

河南省唐河县城市总体规划（2014-2030）

城区用地现状图

2013年中心城区建设用地面积为2560.2公顷，人均建设用地面积为102.4㎡/人。具体用地情况如下表

　　城市人均居住用地面积29.80㎡，居住用地中三类居住地（主要集中在老城区）占地比例较大，各项设施建设不健全，反映了城市居民居住水平不高，旧城改造更新压力很大。

　　城市人均工业用地面积26.35㎡，目前，产业集聚区已初具规模，中心城区工业用地基本集中至产业集聚区内，以二类工业为主；现状人均交通设施用地面积23.36㎡；

　　现状人均绿地面积5.60㎡，人均公共绿地面积4.43㎡，低于国家标准。

　　现状人均公共管理与公共服务用地面积10.22㎡，从构成上看公益性公共设施用地所占比例偏低，文化、体育等综合服务用地较少；

　　现状人均商业服务业设施用地面积5.07㎡，商业服务业设施用地所占比例偏低，商业服务、娱乐康体等服务用地较少。

城区道路交通现状图

　　唐河县地处平原，公路和铁路交通是城市主要对外交通方式。

　　唐河县城对外交通联络线主要包括312一条国道，S240、S335、S239三条省道。公路主要方向通往南阳、桐柏、新野、泌阳、枣阳等周边县市。沪陕高速（G40）从唐河境内穿过。现状有三个公路客运站，分别位于新春路中段、建设路中段、友兰大道西段。宁西铁路穿城而过。

　　至2013年底，现状城市建设用地内道路用地为584.19公顷，道路用地率22.82％。

现状调研照片

现状调研照片

存在问题：

　　现状城市道路网结构不够完善。城市主干路网初步形成，但次干路、支路建设滞后，"断头路"、"错位路"、不易与其他道路联通的"斜路"较多，难以形成通达的交通网络；

　　过境交通对县城影响较大。国道312与省道240、335穿越城市中心，随着城市规模的扩大，过境交通会影响城市中心的发展；产业区的大型货车也会造成交通拥堵和安全性的降低。

城市交通问题的解决应该从两方面入手：

　　一是调整城市形态结构、产业布局和土地利用，优化和控制城市居民出行总量；

　　二是合理进行总体发展战略定位，解决交通自身的系统问题。

河南省唐河县城市总体规划（2014-2030）

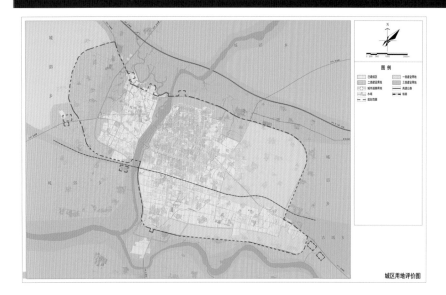

城区用地评价图

唐河县现状城市建设用地为25.6平方公里，各类建设用地主要集中在唐河以东，宁西铁路以北，城市形态呈集中块状发展。唐河以西和铁路以南建设用地呈零星状布局。

城区用地适应性评价

唐河城区，地质条件良好：唐河以东方向地势平坦，建设用地较为广阔；唐河以西方向地势高低起伏，需稍加改造，才能成为建设用地。

根据城区用地现状及周边地区的交通情况、地形地貌特点进行建设用地的适用性评价，得出：

一类建设用地主要集中在唐河以东区域，
二类建设用地主要集中在唐河以西区域，
三类建设用地主要集中在城北区、唐河两岸、三家河北侧沿岸。

城区绿地景观现状图

城市现状绿地与广场用地面积139.98公顷，占建设用地的5.47%。其中，公园绿地面积为110.64公顷。唐河县地处平原地区，水网密布，环境清幽。唐河纵贯县城南北，三夹河流经县城南部，丰富的山水资源为城市绿地系统的形成提供了优越的自然环境条件。

存在问题：

1. 现状公园绿地主要沿唐河两侧布置，城区内零星布置有公园，数量少且规模较小。
2. 城市水体景观丰富，但未能将良好的生态环境融入城市。
3. 城市绿地功能不完善，工业区与生活区之间及城区过境道路两侧缺乏必要的防护隔离绿地，对城区环境影响较大。

城区市政基础设施现状图

自来水公司一水厂由于水厂处理设施简陋，唐河水质受到上游的严重污染，已使一水厂出水水质达不到饮用水标准，被迫报废停用。目前有第二水厂，位于新春路北端，规模为3.0万立方米/日，水源地系唐河上游，采取唐河滩的侧渗水。

唐河县城市污水处理厂位于城区西南部，伏牛路与新华路交叉口西北角，于2008年投入运行，设计能力为2万立方米/日。城市现状排水体制为雨污合流制，当降雨量过大时，部分污水不能得到有效处理，直接排入水体，对环境造成污染。

城市由文峰110kV变电站和泗洲110kV变电站供电，为城区提供10kV电源。

学生姓名：贺鹰、李浩、李静岩、王潇、曲莎白、唐宇飞、阿曼、宋卓芮   指导教师：荣玥芳

河南省唐河县城市总体规划（2014-2030）

城区用地规划图

规划至2030年，城市人口规模达50.25万人，城市建设用地达51.61平方公里，人均指标102.4平方米。

城市远期（2030）城市建设用地及人均指标如下表

序号	类别名称	用地代码	面积（公顷）	占城市建设用地（%）	人均指标（平方米/人）
1	居住用地		1765.44	34.30%	35.11
	其中 二类居住用地	R2	1765.44	34.30%	35.11
2	公共管理与公共服务用地	A	349.05	6.78%	6.93
	行政办公用地	A1	76.8	1.47%	1.53
	文化设施用地	A2	96.86	1.87%	1.92
	教育科研用地	A3	108.88	2.11%	2.17
	体育用地	A4	21.45	0.42%	0.43
	医疗卫生用地	A5	35.91	0.71%	0.71
	社会福利设施用地	A6	15.29	0.31%	0.31
	文物古迹用地	A7	0.89	0.01%	0.01
	宗教设施用地	A9	12.87	0.25%	0.25
3	商业服务业设施用地	B	228.23	4.43%	4.55
	商业设施用地	B1	156.50	4.36%	4.45
	商务设施用地	B2	51.07	0.99%	1.01
	娱乐康体设施用地	B3	1.59	0.03%	0.03
	其他服务设施用地	B4	19.07	0.37%	0.38
4	工业用地	M	896.7	17.37%	17.79
	一类工业用地	M1	736.66	14.28%	14.63
	二类工业用地	M2	160.04	3.10%	3.18
5	物流仓储用地	W	145.04	2.81%	2.88
	一类物流仓储用地	W1	145.04	2.81%	2.88
6	道路与交通设施用地	S	968.62	18.77%	19.22
	城市道路用地	S1	826.00	16.02%	16.41
	交通枢纽用地	S3	38.42	0.74%	0.76
	交通场站用地	S4	104.20	2.02%	2.07
7	公用设施用地	U	64.85	1.26%	1.29
	供应设施用地	U1	35.57	0.69%	0.71
	环境设施用地	U2	28.41	0.55%	0.56
	其他公用设施用地	U9	0.87	0.02%	0.02
8	绿地与广场用地	G	720.22	14.22%	14.37
	公园绿地	G1	603.13	11.80%	12.17
	防护绿地	G2	129.38	2.27%	2.38
	广场用地	G3	6.71	0.13%	0.13
9	城市建设用地		5161.16	100.00%	102.40

规划理念与思路：

1. 强化城市中心
2. 促进经济发展
3. 统筹安排各类公共服务设施
4. 突出城市特色

规划至2030年，城市的空间增长边界应为：南至谢岗、下王岗、张湾、南李庄一带，北到桐河以南、安庄、四里桥一带，东至试采基地东侧邓庄、三里王、小方庄、张马洼、罗马洼一带，西到新唐新路，城市建设用地51.6平方公里。

城市发展目标：

把握中部崛起、西部开发的机遇，强化城市交通枢纽和综合服务功能，把唐河建设成为经济繁荣、环境优良、社会和谐的南阳市城东部的中心城市。

城市性质：

南阳市城东部的中心城市，唐河县域的政治、文化、经济中心，以农副产品加工工业、机械制造为主的综合中等城市。

1、城市产业发展目标

合理统筹安排区域资源，推动优势产业进一步壮大，鼓励传统农业向产业化和都市农业转型、发扬传统工业优势，改善投资环境，培育高新技术产业，同时改善对外交通条件，将唐河建成南阳市城东部的物流重地。

2、宜居城市建设目标

合理利用现有水体、湿地、绿地，妥善处理城市建设与周围环境的关系，建设适宜居住的城市生态网络。

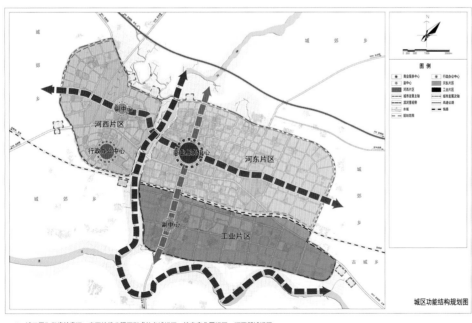

城区功能结构规划图

规划构思：

1. 拓展城市空间，提升城市功能
2. 梳理内外交通，强化城市中心
3. 构建绿地系统，打造生态城市

规划结构：

一城三区，两轴多心，两岸一水

"一城三区"指将被唐河、宁西铁路分隔而形成的老城组团、铁南产业区组团、河西新城组团。

"两轴多心"指以东西向建设路、南北向新春路为城市两条主要发展轴，多心指老城商贸中心、河西文化办公中心、河西旅游配套服务中心，以及各片区的片区级配套核心。

"两岸一水"指唐河两侧的沿河岸的滨海景观带。

此次总体规划应积极引导城市空间结构重组，对未来城市组团的功能做出合理划分，强化资源整合、集约集聚、强化山水优势、山水特色，塑造城市功能区特色；通过"西展、东拓、北限、南控、缝合两岸、强化中心"的总体构思，形成主城三大各具特色的城市新空间。

河南省唐河县城市总体规划（2014-2030）

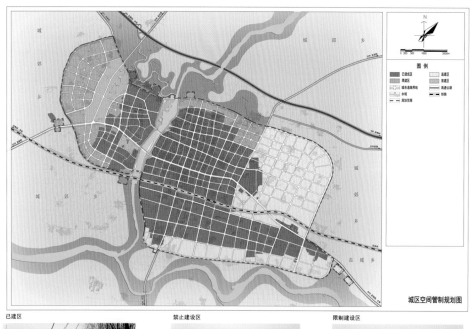

城区空间管制规划图

（一）禁止建设区

禁止建设区包括地形坡度在25度以上的山地区、地质灾害高易发区、水土流失严重地区、水源保护区、生态公益林地、地下矿产资源分布区等生态敏感区、县域内的水域、水系环境、水库周围湿地保护区、风景名胜景区、森林公园、重点文物保护单位等的核心区，基本农田保护区，基础设施通道区。

（二）限制建设区

限制建设区是需要控制开发的区域和有条件开发的区域。包括规划建设用地以外的备用地、一般农田和园林地、地形坡度为15～25度的生态保育区、自然保护区的缓冲区、地质灾害防治区、沿主要河流两侧和高速公路两侧50米范围内区域、规划的中心村、基层村和迁并村，河流岸线、重要生态廊道区、山林绿化区。

（三）适宜建设区

适宜建设区包括已有的城镇建成区、规划的城镇建设用地、规划的产业集聚区、规划的基础设施建设用地以及规划的旅游景区外围服务区。本区资源环境承载力较大，是经济发展的增长空间，适宜于大规模的城镇建设和工业开发。但建设行为需要根据资源环境条件，科学合理确定开发模式、规模和强度。

已建区

禁止建设区

限制建设区

适宜建设区

城区公共管理与公共服务设施用地规划图

至2030年，规划唐河中心城区公共管理与公共服务用地347.05公顷，占城市建设用地的6.9%。

至2030年，规划唐河中心城区商业服务业设施用地228.23公顷，占城市建设总用地4.42%，人均商业金融用地4.53平方米。

● 行政办公

规划至2030年，城市行政办公用地达到75.71公顷，占城市建设总用地的1.51%，人均行政办公用地2.8平方米。

为推动河西新区建设，促进城区向西拓展，充分发挥旧城区土地的经济效益，规划重点将唐河县部分行政单位迁往河西新区，形成集中的行政办公区。

● 文化设施

规划至2030年，文化设施用地达到56.25公顷，占城市建设总用地的1.125%。

改善老城区现有的文化娱乐设施，并结合城市主中心规划大型综合文化设施，主要有图书馆、文化馆、群众艺术馆、影剧院、妇女儿童活动中心等设施；河西区结合行政办公区，在其南侧规划布局文化娱乐用地，主要有博物馆、科技馆、展览馆、青少年宫等设施，共同形成城市的文化办公中心。另外结合分区中心安排区级的文化站、活动站、少年宫、影院、图书室等设施。

● 教育科研

规划至2030年，教育科研设计用地达到152.19公顷，占城市建设总用地的3.04%，人均教育科研设计用地3.04平方米。

规划保留已有教育设施用地，并根据需要扩大规模，另外在河西组团北侧布置一科研教育培训基地，在基础设施共建、资源共享的基础上，共同完善此区域的设施配套。同时可联合县内其他科研单位，逐渐培育一个产业园区，使知识与生产力之间实现快速转化，推动唐河的现代化建设。

● 体育设施

规划至2030年，体育用地达到13.64公顷，占城市建设总用地的0.28%，人均体育设施用地0.28平方米。

● 医疗卫生

规划至2030年，医疗卫生用地达到36.94公顷，占城市建设总用地的0.73%，人均医疗卫生用地0.73平方米。

保留现有的县人民医院、县中医院、县卫生防疫站、妇幼保健院、城关镇卫生院、红十字会医院、城南医院、第三人民医院、县畜殖保健院、县康复医院、县防疫站、县动物疫病防护中心、县卫生监督所、食品监督局，并根据需要按标准扩大规模规划。

河南省唐河县城市总体规划（2014-2030）

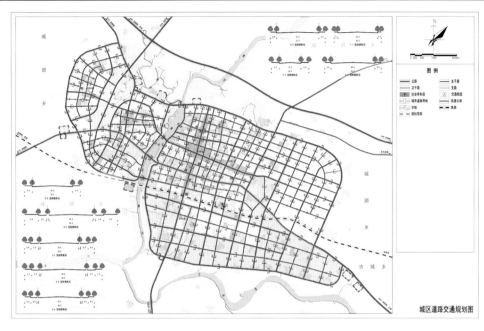

根据《城市道路交通规划设计规范》（GB50220-95），将城市道路等级划分为主干路、次干路、支路三级。规划至2030年，城市主干道共计20条，次干道32条，支路18条。

交通规划原则

1．突出重点，在现状分析的基础上，重点完善市区主、次、支路系统。

2．道路网规划与城市土地利用相结合，以道路建设引导城市土地开发，引导城市景观视线。

3．保持道路网适应城市发展的弹性。

4．在改善旧城道路系统的同时，保护旧城的空间尺度特色及格局。

5．在构建新区道路结构时，注意与河西地形结合，在保证通达、便利的基础上，形成有特色的路网体系。

6．按交通性质区分不同功能的道路。

7．满足敷设各种管线与人防工程相结合的要求。

城区道路交通规划图

规划至2030年，城市道路与交通设施用地584.19公顷，占城市建设用地的22.82%，人均道路广场用地18.11平方米。

规划结合城市出入口、大型公建、交通枢纽设置社会停车场16处，用地面积共计13.6公顷。

城区公共交通规划图

公交车站服务半径控制在500～800m，城市边缘地区站距800～1000m。

公交线路共设10条，每条线路长度在8～16km，公交线路总长度达158km。公交干线网络布置在县城主要居住、就业、商业密集地区，主要满足组团内部客运交通需求。公交干线宜设置港湾式停车站，车道、交叉口、出入口的设计与管理应优先考虑公交车通行。

规划原则

（1）以规划路网为基础，合理布置公交线路，力求各线客运能力与客运量相协调。

（2）公交网络覆盖各功能片区，形成全市性公交体系。

（3）公交设施配套齐全，公交车辆、公交站点、城市道路应符合无障碍设计要求。

（4）坚持公交优先发展战略，合理布局公交线路和站场。

公交总站一览表

序号	位置	占地面积(公顷)	停车能力
1	栀子路与应琦路交叉口东北角	1.8	95
2	建国路与昌伯路交叉口西南角	1	55
3	工业路与新春路交叉口东南角	1.8	95
4	友兰大道与福州路交叉口东南角	2.5	120
5	建国路与盛鼎路交叉口西南角	1.8	95

河南省唐河县城市总体规划（2014-2030）

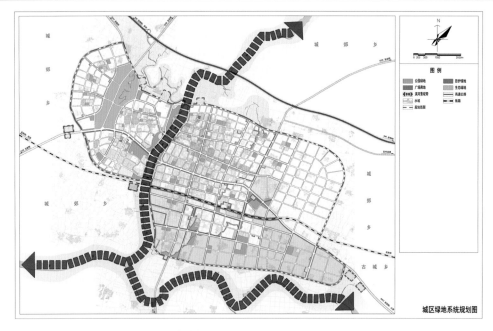

城区绿地系统规划图

保护现有山体、水系与绿地格局，建立多层次、多功能的生态绿地系统，与老城区综合环境整治相结合，强化绿地景观的系统性，突出唐河自然景观风貌格局，形成"一带三廊三核多园"的绿地结构。

"一带"：沿唐河、三夹河形成的滨河城市景观带；

"三廊"：沿迎宾大道、友兰大道和宁西铁路规划绿廊打造的城市绿化景观走廊；

"三核"：结合自然景观以及水网体系，在河西行政办公区、北区和城南工业各形成一个自然景观优美、空间丰富的城市级公园；

"多园"：均匀分布于城市内的多处社区公园和街头游园等。

规划至2030年，公园绿地总面积达到613.15公顷，占城市建设用地的11.88%，人均指标12.17平方米。

规划形成点、线、面结合的公园绿地网络，公园绿地布置与城市水网体系相结合，利用现状地形地貌、河道沟渠打造自然与人文相结合的绿地景观。

规划唐河两岸绿地作为城市中心公园。该公园占地总面积35.23公顷。规划凤山地质公园29.14公顷。社区公园绿地在城区分布范围较广，尽量保留原有的坑塘水系，创造风景优美、独具特色、有标示性的公共绿地。

城市主干道两侧规划不低于15米的绿带，兼具防护与游憩功能。

城区内水渠两侧规划不小于15米的滨水风光带。

规划至2030年，广场用地达到5.73公顷，全城的广场用地形成有层次的网络状布局，与城市总体形态呼应，形成联系紧密、覆盖率全面的城市广场体系。

规划至2030年，城市河西区内城市建设用地外迎宾大道两侧建为城市的郊野公园，占地225.28公顷。

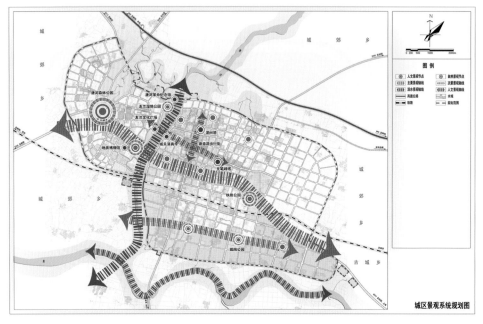

城区景观系统规划图

唐河县城市的组团式格局，使城市三组团沿唐河布局。

老城组团城市景观特征为"绿水绕城"；

河西组团城市景观特征为"城绕山"；

铁南组团城市景观特征为"绿水抱城"。

通过三组团人工景观要素的融合，形成唐河县城市"水中有城，城中有山，山水城相辅相成"的自然景观和历史遗存相融合的低山丘陵区城市风貌。

规划原则：

1. 从城市总体布局出发，多层次地考虑城市景观风貌的格局。充分结合自然景观资源条件和地域文化内涵，塑造现代城市景观特色。

2. 将生态的理念融入其中，塑造符合生态保护内涵的城市景观风貌特色；强调城市外部绿色空间和城市内部绿地系统对城市景观风貌的综合影响。

唐河城市景观是以河流、园林为基础，以名胜古迹景点为依托，突出城市每个片区不同的风貌与特征，城市与自然相互渗透和结合的关系，依托环境地形、组织自然和人工景观，反映城市环境风貌特征，突出城市特征，体现城市空间形态的可识别性，形成城市亮点，为城区居民提供景色秀丽、舒适宜人的城区空间环境。

河南省唐河县城市总体规划（2014-2030）

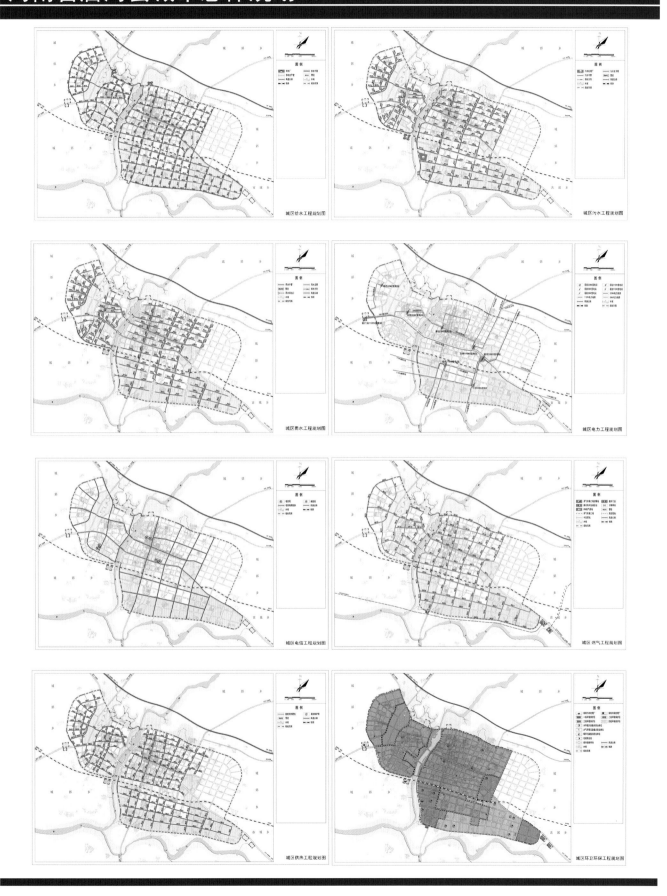

学生姓名：贺鹰、李浩、李静岩、王潇、曲莎白、唐宇飞、阿曼、宋卓芮　指导教师：荣玥芳

河南省唐河县城市总体规划（2014-2030）

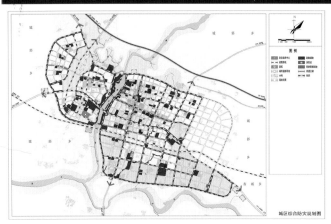

城区综合防灾规划图

城区近期建设规划图（2014-2020）

唐河县城市综合防灾包括：防洪工程、人防工程、抗震防灾、规划、消防工程规划、地质灾害防治规划。

人防规划的规划原则：

（1）贯彻中央军委新时期"积极防御"的军事战略方针和人民防空"长期准备、重点建设、平战结合"的方针，坚持与经济建设协调发展、与城市建设相结合的原则。

（2）遵循统一规划、量力而行、平战结合、质量第一的原则，以新建、"结建"为主，全面规划，重点建设，平战结合，布局合理。

（3）发挥战时防空、平时防灾减灾、服务生产生活、开发地下空间、保护生态环境等综合效益的原则。

近期建设重点项目

1. 优化老城区的配套功能，加强其人口疏散，提高城市环境品质，完善城市基础设施；以建设路步行商业街为核心，重点打造城市核心商业区。

2. 全面建设河西旅游服务配套商业核心，高水平建设配套住宅及各类设施，形成城市新区风貌。

3. 优化、整合铁南工业区的建设，使工业项目集中、集约化发展。

4. 重点解决对外交通穿城问题，使公路绕城而过。

5. 完善唐河两岸环境建设，突出城市特色，形成城市景观风貌。

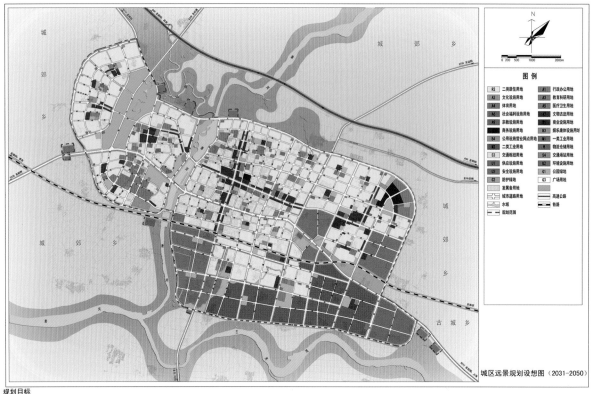

城区远景规划设想图（2031-2050）

规划目标

全面提升城市功能，实现产业结构升级，确立南阳市域东部区域中心城市地位，建设东部区域的交通枢纽和物流中心。

形成与城市功能相匹配的城市空间结构，形成能够延续城市文化、突出山水景观特色、与自然环境和谐共生、与未来城市功能相匹配的空间结构。

远景发展规模与发展方向

发展规模：远景城市人口应控制在60万人左右，城市建设用地控制在60平方公里左右，人均城市建设用地达到100平方米。

发展方向：城区远景建设主要把向东作为城市主导发展方向，使得城市商业核心向东转移进一步完善。

远景发展布局及布局设想

规划远景形成"一河两岸，四组团"的空间布局结构。

完善老城组团、河西组团、铁南组团，全面重点建设城东组团，建设具有区域辐射力的城市商业中心，进一步提高区域中的地位与作用。